Erfolgreiche Beratungsprojekte mit ISO 20700

Dr. Ilse Andrea Ennsfellner
Karl Sruc

Erfolgreiche Beratungsprojekte mit ISO 20700

Praxisleitfaden und Anwendungs-Checklisten für Beratungskunden und Berater

1. Auflage 2023

Herausgeber:
DIN Deutsches Institut für Normung e. V.

Beuth Verlag GmbH · Berlin · Wien · Zürich

Herausgeber: DIN Deutsches Institut für Normung e. V.

Berlin · Wien · Zürich
Am DIN-Platz
Burggrafenstraße 6
10787 Berlin

Telefon: +49 30 588 857 00-00
Internet: www.beuth.de
E-Mail: kundenservice@beuth.de

Maßgebend für das Anwenden jeder in diesem Werk erläuterten oder zitierten Norm ist deren Fassung mit dem neuesten Ausgabedatum. Den aktuellen Stand zu jeder DIN-Norm können Sie im Webshop des Beuth Verlags unter www.beuth.de abfragen. Dort finden Sie insbesondere etwaige Berichtigungen und Warnvermerke, welche bei der Anwendung der jeweiligen Norm unbedingt zu beachten sind.

Titelbild: © fizkes, Nutzung unter Lizenz von adobestock.com

Satz: Beuth Verlag GmbH, Berlin

Druck: PrintGroup, Szczecin

Gedruckt auf säurefreiem, alterungsbeständigem Papier nach DIN EN ISO 9706

ISBN 978-3-410-30904-8
ISBN (E-Book) 978-3-410-30905-5

Autorenporträts

Dr. Ilse Andrea Ennsfellner CMC CSE

Ist seit 25 Jahren als Unternehmerin, Unternehmensberaterin (Certified Management Consultant), Trainerin (Certified Business Trainer) und Wirtschafts-Mediatorin tätig. Langjährige Berufsvertretung im Fachverband Unternehmensberatung, Buchhaltung und IT der Wirtschaftskammer Österreich und im internationalen Dachverband für Unternehmensberatung ICMCI. Vorsitzende des europäischen Komitees CEN/TC 381 Management Consultancy Services zur Erstellung der europäischen Norm „CEN EN 16114 Unternehmensberatungsdienstleistungen" und deren Weiterentwicklung zur internationalen Norm „ISO 20700 Leitlinien für Unternehmensberatungsdienstleistungen". ICMCI Accredited Trainer ISO 20700, Sprecherin proEthik AUSTRIA, Certified Supervisory Expert (CSE), Assessorin, Lektorin an Universitäten und Fachhochschulen, ICMCI Academic Fellow, diverse Fachpublikationen und Praxisbeiträge.

Ing. Karl Sruc

War nach einer profunden technischen Ausbildung im technischen Dienstleistungsbereich bei einem namhaften Computerunternehmen in Österreich, West- und Osteuropa tätig. Zu den Aufgaben gehörten dabei auch Qualitätsmanagement und die Implementierung von strukturierten Qualitätsprozessen nach ISO 9001.

Die anschließende Tätigkeit als selbständiger Unternehmensberater umfasst den Aufbau und die Führung von Dienstleistungsunternehmen mit besonderer Fokussierung auf Kundenorientierung und Kundenmanagement.

Vorwort der Autoren

Es war ein langer Weg bis sich die Beratungsbranche geeinigt hat, ihre erste Norm zu veröffentlichen. Wegbereiter waren die internationalen und europäischen Beratungsverbände ICMCI und FEACO sowie im deutschsprachigen Raum der BDU Bundesverband Deutscher Unternehmensberatungen und in Österreich der Fachverband UBIT. Heute ist die ISO 20700 in der Branche als Qualitätsmerkmal weitgehend anerkannt. Ziel dieses Standards ist es, nicht nur die Qualität der Beratungsleistungen sicherzustellen, sondern auch Kunden und Interessenspartnern Anhaltspunkte zu bieten, um die Beraterauswahl sowie den gesamten Beratungsprozess effektiv und effizient zu gestalten.

Es liegt wohl in der Natur der Sache, dass Normentexte recht trocken und auch etwas sperrig ausfallen. Das gilt für manche vielleicht auch bei der gegenständlichen Norm ISO 20700 „Leitlinien für Unternehmensberatungsdienstleitungen“ – obwohl sie von unserer Profession erstellt wurde.

Mit dem vorliegenden Buch stellen wir uns die Aufgabe, die Norm ISO 20700 in eine einfache, leicht lesbare und anwendbare Form zu bringen. Die Inhalte der Norm haben wir dabei mit Erfahrungen aus unserer eigenen Beratungspraxis ergänzt.

Im Kernteil des Buches, dem „Praxisleitfaden“, wird der Leser chronologisch durch die Phasen eines Beratungsprojektes geführt, von der Auswahl des Beratungsunternehmens, über Vertragserstellung, Ausführung, Abschluss bis zur Nachbereitung.

Die darauffolgenden „Anwendungs-Checklisten“ ermöglichen sowohl dem Berater wie auch dem Kunden, bei jedem einzelnen Beratungsprojekt einfach zu prüfen, ob auch wirklich nichts vergessen wurde.

Die „Grundsätze“ – denen in der Norm ein eigener Abschnitt gewidmet ist – haben wir dabei sowohl in den Praxisleitfaden als auch in die Anwendungs-Checklisten eingearbeitet.

Unser Buch ist eigenständig verwendbar – es ist nicht erforderlich, zusätzlich dazu die Norm selbst zu beschaffen. Wer dies trotzdem tun möchte – zum Beispiel, um tiefer in die Materie einzusteigen –, findet die Referenzen zu den Abschnitten der Norm sowohl im Praxisleitfaden als auch in den Anwendungs-Checklisten.

Diversität ist ein wesentlicher Erfolgsfaktor in Unternehmensberatungen. Wir haben beim Verfassen dieses Buches weitgehend auf genderneutrale Begriffe geachtet und sprechen grundsätzlich bei den Formulierungen alle Geschlechter an.

Sinn und Aufgabe der Unternehmensberatung ist es, für unsere Kunden einen Nutzen zu schaffen, der den Aufwand weit übersteigt. Und „Aufwand" stellt dabei nicht nur das an das Beratungsunternehmen zu entrichtende Honorar dar, sondern in wohl noch größerem Maße die bei der Durchführung und Umsetzung des Beratungsprojektes zu erbringenden Leistungen des Kunden.

Wir sind fest davon überzeugt und wissen, dass bei konsequenter Anwendung unseres Buches die Umsetzungs- und Erfolgsrate – und damit der Nutzen – jedes Beratungsprojektes so hoch ausfallen werden, wie sich das alle Beteiligten zu Beginn des Projektes wünschten.

Das ist der Sinn und Zweck unseres Buches!

Ilse Andrea Ennsfellner   Karl Sruc

Inhaltsverzeichnis

1 Einführung und Nutzen dieses Buches

Im Jahr 2017 wurde für die Unternehmensberatung ein Meilenstein erreicht. Die erste Norm für Unternehmensberatung war nach langjähriger und intensiver Entwicklungsarbeit als ISO 20700 Guidelines for management consultancy services für die Beratungsbranche anwendbar. 2018 wurde sie auch als europäische Norm EN ISO 20700 übernommen. Die inhaltlich identische deutsche Version DIN EN ISO 20700 [1] Leitlinien für Unternehmensberatungsdienstleistungen liegt seit 2019 vor (in der Folge ISO 20700 bezeichnet).[1] Sie bildet das zentrale Thema und die Grundlage für dieses Buch.

ISO 20700 beschreibt den gesamten Unternehmensberatungsprozess vom Angebot bis zur Evaluierung der Unternehmensberatungsdienstleistung. Darüber hinaus gibt sie Empfehlungen für ethische Prinzipien und Erfolgspotenziale der Kunden-Berater-Beziehung. Dies soll zu besseren Ergebnissen bei Beratungsprojekten führen sowie die Auswahl und Inanspruchnahme von Beratungsdienstleistungen erleichtern.

Für wen ist diese Norm interessant? Die ISO 20700 wurde aus Sicht der Anbieter von Unternehmensberatungsdienstleistungen geschrieben und bezieht sich primär auf Unternehmensberatungsorganisationen. Sie ist für alle Arten von Beratungsleistungen anwendbar. Es sind somit die **Unternehmensberater**, die durch eine profunde Kenntnis der ISO 20700 ihre Kunden durch den Beratungsprozess anhand der Empfehlungen der Norm begleiten. Dabei ist es wesentlich, dass die individuellen Zielsetzungen und Interessen der Kunden als direkte oder indirekte Auftraggeber sowie deren Interessensträger (Stakeholder) berücksichtigt und einbezogen werden.

Dennoch leisten **Kunden** einen beträchtlichen Beitrag zur Qualitätssicherung und zum Erfolg von Beratungsleistungen. In dem Maße, in dem Kunden reflektierter und anspruchsvoller Beratungsleistungen in Anspruch nehmen, wird das Qualitätsniveau der Beratung erhöht. Je mehr Wissen, Kompetenzen und Expertise des Kunden im Umgang mit Beratung, der Beraterauswahl, dem Management von Beratungsprozessen und der Evaluierung der Ergebnisse aus der Beratung vorliegt, desto eher sind Transparenz, Nachvollziehbarkeit und Objektivität in Beratungsprojekten möglich. Wichtig ist es daher, in Beratungsprojekten ein gegenseitiges Verständnis aller Beteiligten über das Vorgehen, die zu erreichenden Qualitätskriterien und Ergebnisse, die einzusetzenden Ressourcen und Verantwortungen sowie etwaige Risiken zu erreichen. Dafür bietet die ISO 20700 einen Rahmen.

---

1 Identische Ausgabe ist die ÖNORM EN ISO 20700 für Österreich.

Wirft man einen ersten Blick auf die Norm, so mag es dem Leser erscheinen, als ob hier lediglich gängige Praktiken der Unternehmensberatung angeführt sind. Dies ist insofern der Fall, als die internationale Beratungsbranche mit der ISO 20700 ein profundes Grundlagenwerk geschaffen hat, das aus den praktischen Erfahrungen kleiner, mittlerer und großer Beratungsunternehmen weltweit **„Good Practices"** für die Beratungsarbeit mit Kunden zusammengestellt hat. Geht man weiter in die Tiefe, so wird ersichtlich, dass hinter den fachlichen Empfehlungen auch wichtige Werthaltungen angeführt sind, die eine Kunden-Berater-Beziehung auf Augenhöhe fördern, basierend auf Offenheit, Transparenz und gegenseitiger Wertschätzung. Diese sollen die – in der Natur der Sache liegende – nicht immer einfach gestaltete Zusammenarbeit zwischen Berater und Kunden positiv fördern. Letztlich geht es aber auch darum, durch die Anwendung der Norm State-of-the-art-Ergebnisse aus Beratungsprojekten zu erzielen, die wirtschaftlichen und gesellschaftlichen Trends gerecht werden, damit Unternehmen am Markt erfolgreicher und innovativ agieren.

Aufgrund der letztlich gemeinsamen Verantwortung für den Beratungserfolg können wir somit davon ausgehen, dass die Kenntnis und das Verständnis der ISO 20700 nicht nur für Beratungsunternehmen, sondern auch für deren Kunden von hohem Interesse sind. Die grundlegende Kenntnis der ISO 20700 ermöglicht Kunden vor allem

- die Qualität und Risiken in Beratungsprojekten besser einschätzen zu können,
- grundlegende Werthaltungen und Prinzipien für erfolgreiche Beratungsprojekte bei der Beraterauswahl strukturiert zu berücksichtigen,
- adäquate Kriterien und Methoden für die Evaluierung von Beratungsleistungen einzusetzen und damit für weitere Beratungsprojekte zu lernen,
- Wissen über erforderliche Beiträge des Kunden für ein professionelles Beratungsmanagement und nachhaltige Beratungsergebnisse zu erhalten,
- ein eigenes Wissensmanagement über Beratungsprojekte und deren Ergebnisse zu entwickeln,
- eine transparente Kunden-Berater-Beziehung zu gestalten, die darauf ausgerichtet ist, Interessen und Konflikte bewusst anzusprechen und dafür Lösungen zu erarbeiten.

Kurz: Beratungsprojekte damit zum Erfolg zu führen!

Auch die Arbeit in nationalen und internationalen Interessenvertretungen der Beratungsbranche hat den Autoren gezeigt, dass die Unternehmensberatung aktuell und in Zukunft nur gemeinsam mit ihren Kunden und Interessensträgern (Stakeholdern) sinnvoll weiterentwickelt werden kann. Vor diesem Hintergrund wurde die Idee zu diesem Buch geboren und umgesetzt. Es ist uns ein Anliegen, vor allem auch Beratungskunden in einfacher Form die Hintergründe und Struktur der ISO 20700 näherzubringen.

Daher haben die Autoren einen **Praxisleitfaden** erstellt (siehe Kap. 6), der vor allem Beratungskunden in die Welt der ISO 20700 einführen und Verständnis für ihre Empfehlungen herstellen soll. Dieser Leitfaden bezweckt, eine einfache, leicht lesbare und gleichzeitig präzise Übersicht zu geben, was in den Phasen eines Beratungsprojektes – Vorbereitungsphase, Vertragsabschluss, Ausführung, Abschluss und Nachbereitung – gemäß ISO 20700 zu tun ist und welche Grundsätze dabei zu beachten sind. Dem Grunde nach sind die Leitlinien der ISO 20700 durchgängig berücksichtigt und referenziert. Erklärende Kommentare, basierend auf den Erfahrungen aus Beratungsprojekten der Autoren, sind beigefügt. Für eine tiefere Auseinandersetzung mit der Thematik sowie als Grundlage für Konformitätsbewertungen von „Dritter Seite" (z. B. externe Audits) sollte jedoch der Normentext im Original herangezogen werden.

Auf Basis des Praxisleitfadens wurden auch **Anwendungs-Checklisten** erstellt (siehe Kap. 7), die die wesentlichsten Aktivitäten der ISO 20700 in allen Projektphasen anführen, gegliedert in jene für die Unternehmensberatung, jene für den Kunden und solche, die sowohl von der Unternehmensberatung als auch vom Kunden zu beachten sind. Dabei wird auf den Normentext referenziert. Diese Checklisten sollen dazu beitragen, einen raschen Überblick zu erhalten und einfach zu überprüfen, ob die wesentlichen Empfehlungen der ISO 20700 in konkreten Beratungssituationen berücksichtigt wurden. Sie können von **Beratern** angewendet werden, entweder zur Selbstevaluierung des Beratungsprojektes bei der Vorbereitung, Durchführung und Nachbereitung des Projektes oder auch gemeinsam mit dem Kunden, vor allem zur Planung und Evaluierung des Beratungsprojektes.

Diese Checklisten können aber auch speziell von **Beratungskunden** herangezogen und angewendet werden, beispielsweise bei der Beraterauswahl, der Planung und Umsetzung von Beratungsprojekten, aber auch der Evaluierung der Beratungsergebnisse, ggf. auch gemeinsam mit dem Berater.

Unternehmensberatung ist ein relativ junger Berufszweig. Das vorliegende Buch hat daher des Weiteren zum Ziel, zunächst eine Einführung in das Berufsbild der Unternehmensberatung zu geben, insbesondere hinsichtlich Charakteristika und Typologien. Eng damit im Zusammenhang steht die Thematik, was Qualität in der Unternehmensberatung ist. Es geht darum, ein Verständnis herzustellen, welche qualitätssichernden Merkmale in Beratungsprojekten erfolgsbestimmend sind und wie diese Merkmale zweckmäßig und sinnvoll in den Kunden-Berater-Beziehungen angewendet werden können. Qualitätsstandards spielen dabei eine wesentliche Rolle. Da das Thema der Standards für die Unternehmensberatung erst vor relativ kurzer Zeit etabliert wurde und sich ständig weiterentwickelt, wird besonderes Augenmerk darauf gelegt. Ebenso wird ein Ausblick gegeben, was für Berater und Kunden wesentlich ist, damit Beratungsprojekte weiterhin erfolgreich abgewickelt werden. Die vorgestellte Case Study rundet dieses Bild ab und bezieht dabei die Erfahrungen der ISO 20700 mit ein.

Insgesamt möchte das vorliegende Buch einen Rahmen schaffen, um

- das gegenseitige Verständnis zwischen Beratern und deren Auftraggebern für Qualitätskriterien, Verantwortlichkeiten und Vorgehen in Beratungsprojekten zu erhöhen,
- Risiken im Rahmen von Beratungsprojekten für alle Beteiligten zu minimieren,
- Ergebnisorientierung und Qualität von Unternehmensberatungsleistungen in den Vordergrund zu stellen und Innovationen für Wirtschaft und Gesellschaft zu generieren.

2 Charakteristika der Unternehmensberatung

2.1 Branchenperspektive und Leistungsperspektive

Unternehmensberatung ist eine stetig stark wachsende Branche mit jährlichen Umsatzsteigerungsraten von durchschnittlich vier bis fünf Prozent weltweit [2], mehr als durchschnittlich sieben Prozent in Europa [3] und etwa zehn bis fünfzehn Prozent im deutschsprachigen Raum [4] – Wachstumsgrößen, die in vielen Ländern mehr als die Steigerung des Bruttoinlandsprodukts umfassen [5, 6]. Während die USA und Großbritannien die schnellsten und bedeutendsten Wachstumsraten aufweisen, liegen Europa und die DACH-Region nicht weit dahinter, obwohl die Entwicklung in einzelnen Ländern Europas unterschiedlich ist [3, 7].

Die größten Beratungsunternehmen, bekannt als The Big Four – Deloitte, EY, KPMG und PwC, verzeichneten auch das größte Marktwachstum [2]. In Deutschland repräsentieren die Unternehmensberatungen ab 15 Mio. Euro Jahresumsatz mittlerweile knapp 60 Prozent des Gesamtmarktumsatzes und weisen überdurchschnittliche Wachstumsraten gegenüber den kleineren Beratungen und Einzelunternehmen auf [8].

Dabei zeigen auch die Entwicklungen der letzten Jahre, dass die Beratungsbranche relativ krisenfest ist. Für die Branche spricht, dass die Grundstimmung unter den Beratern sogar in der COVID-Krise ab Mitte 2020 nach den ersten Lockdowns eine Kehrtwendung erfahren hat. So hat sich der Anteil jener Beratungsunternehmen, die optimistisch in die Zukunft blickten, sowohl bei größeren als auch bei kleinen Beratungen in dieser Zeit verdoppelt [9]. Auch eine Online-Blitzumfrage des Beraternetzwerks IRFC [10] im Juni 2020 bei kleinen und mittleren Beratungsunternehmen in Deutschland, Österreich und der Schweiz befasste sich u. a. mit der Frage, wie sich Berater in Krisenzeiten für die Zukunft gerüstet sehen. Die erforderlichen Kompetenzen und persönlichen Ressourcen scheinen hier ausschlaggebend zu ein. Denn es hat sich gezeigt, dass lediglich 10 % der Befragten eine tendenziell pessimistische Haltung zur Entwicklung der Beratungsbranche angaben, und zwar von jenen, die sich befriedigend oder schlechter gerüstet fühlen, während 90 % tendenziell optimistisch waren und sich gleichzeitig für die Zukunft gut gerüstet fühlen.

Dieser Trend setzt sich fort. Denn Beratungsprojekte gestalten politische Agenden und Ausgabenstrategien, gesellschaftliche Veränderungen und Werte-Neuorientierungen sowie die Transformation von Unternehmen maßgeblich. Dies führt zu Verbreitung von Innovationen und neuen Geschäftsmodellen, die gemeinsam mit Beratern weltweit implementiert werden. Auch der BDU Bundesverband Deutscher Unternehmensberatungen erklärt, „dass die Beratungsbranche eine Schlüsselindustrie für die nationale Transformation und Zukunftsfähigkeit darstellt“ [8].

Darüber hinaus hat sich die Beratungsbranche durch den Dienstleistungsstandard ISO 20700 weiter professionalisiert und als moderner, für die Gesamtwirtschaft wichtiger Beruf etabliert.

„Die Unternehmensberatungsbranche leistet einen wesentlichen Beitrag zur Weltwirtschaft.“ (ISO 20700, Einleitung)

„Dass die Unternehmensberatung ein starker Hebel für Veränderungen, Wachstum und Erfolg ist, zeigt eine Studie der Wirtschaftsuniversität Wien.“ [11] 80 % der befragten Unternehmen mit großer Beratungserfahrung berichten von Performance-Steigerung durch Beratung, der „return on consulting“ ist überaus hoch. Beratung wird somit aus Sicht der befragten Unternehmen als erfolgreich und enorm performancesteigernd wahrgenommen. Des Weiteren erklärt die Marktstudie der Schweizer Beratungsbranche [12], dass der volkswirtschaftliche Nutzen der Unternehmensberatung in der Schweiz 10 bis 20 Mal höher ist als das Marktvolumen.

Das Potenzial für wirksame Ergebnisse liegt in der Unternehmensberatungsdienstleistung per se. So definiert ISO 20700 die Unternehmensberatungsdienstleistung und die Leistung der Unternehmensberater wie folgt:

„Zusammenstellung multidisziplinärer Tätigkeiten der geistigen Arbeit im Bereich des Managements, die darauf ausgerichtet ist, durch Beratung und Lösungsvorschläge, durch Berücksichtigung von Maßnahmen oder durch abzuliefernde Leistungen Werte zu schaffen oder Veränderungen zu fördern“ (ISO 20700, Begriffe)

„Unternehmensberater nutzen ihr Know-how, um Klienten in jeder Branche lokal, regional und global bei wichtigen Themen wie Komplexität, nachhaltiges Unternehmenswachstum, Innovation, Veränderung und Produktivitätssteigerung zu unterstützen.“ (ISO 20700, Einleitung)

In der Praxis werden die Aufgaben in unterschiedlichen Rollen-Settings abgewickelt:

- Fachberatung, Prozessberatung
- Moderation von Meetings und Workshops
- Bereitstellung von Schulungen, Coaching, Mediation, Mentoring
- Tätigkeit als Gutachter
- Interimsmanagement, Projektmanagement auf Zeit
- externe Beratung, interne Beratung oder in Kombination als hybride Beratung

Wichtig ist, dass Klarheit über die Aufgaben und Rollen der Unternehmensberatung beim Berater und beim Kunden gegeben ist – und vor allem die einzelnen Rollen, die vom Berater in einem Beratungsprojekt wahrgenommen werden, möglichst voneinander abgegrenzt sind. So sollte Einigkeit darüber bestehen, in welchen Projektphasen Beratung erfolgt, eine Schulung ergänzt wird oder eine Konfliktsituation in einer Mediation geklärt werden sollte. Dabei kann es zweckmäßig sein, für die einzelnen Rollen Berater mit unterschiedlichen Kompetenzen einzubeziehen.

Studien und die Erfahrung zeigen darüber hinaus, dass Kunden vermehrt von vornherein eine ganzheitliche Beratung mit Expertenwissen suchen. Sie wollen vom Berater auch eine Unterstützung bei der Überprüfung der Wirksamkeit der Maßnahmen ebenso wie im operativen Betrieb erhalten, sodass Berater mitunter auch temporäre Aufgaben in der Kundenorganisation übernehmen [13, 14]. Dabei erwarten die Kunden von den externen Beratern, dass sie mit internen Teams oder internen Beratungseinheiten eng zusammenarbeiten und gegebenenfalls diese leiten. Damit verschwimmen oftmals die Grenzen zwischen externer und interner Beratung [15]. Gerade für solche Situationen sind Regelungen für eine kooperative Zusammenarbeit zwischen Berater und Kunde sinnvoll.

Wohin entwickelt sich nun die Unternehmensberatung, welche Themen sind besonders relevant?

Im Berufsbild Unternehmensberatung des Fachverbandes Unternehmensberatung, Buchhaltung und Informationstechnologie [16] sind die allgemeinen Beratungsfelder explizit aufgelistet und in ihren Dimensionen dargestellt. Welche Beratungsfelder sind jedoch besonders nachgefragt?

- Beratung in den Bereichen Strategie, Technologie und Prozesse sind die am stärksten in Anspruch genommenen Beratungsleistungen mit einem Anteil von 20 % am gesamten Beratungsumsatz in Europa, gefolgt von Vertriebs- und Marketingberatung, die stärker wächst als der Bereich Finanzen und Risikomanagement. Dies kann als Ausdruck dafür gesehen werden, dass sich auch auf Kundenseite eine tendenziell positive Grundhaltung eingestellt hat und mehr in Chancen als in Risiken und Kontrollen gedacht wird [17]. Dennoch nimmt der Stellenwert der Compliance-Beratung zu, um rechts- und regelkonformes Verhalten von Unternehmen sicherzustellen – als Grundlage für Vertrauen bei Kunden, Investoren und Mitarbeitern.

- Des Weiteren spielen auch Nachhaltigkeitsüberlegungen und Employer Branding in Beratungsprojekten eine große Rolle. So stehen Themen wie Corporate Social Responsibility (CSR) und UN Sustainable Development Goals (SDG), Unternehmenskultur sowie die Umsetzung von ESG (Environment, Social, Governance) in der Prioritätenliste von Unternehmen weit oben [18]. Darüber hinaus wollen Kunden Diversität, weil gemischte Teams erfolgreicher sind und zu einer besseren Performance führen [19, 20]. Die Bandbreite umfasst vor allem die Kriterien Alter, Erfahrung, Bildungshintergrund, Geschlecht und Ethnie. Auch die Einbeziehung der Interessensträger in Beratungsprojekten ist grundlegend.
- Nachhaltigkeit und Digitalisierung stehen in einem engen Zusammenhang. Die Vernetzung von digitalen Infrastrukturen und das Zusammenspiel von menschlicher und künstlicher Intelligenz erfordern einen neuen sinnvollen Mensch-Maschinen-Dialog sowie eine reflektierte Nutzung digitaler Technologien und deren Anwendungsbereiche. Kunden und Berater stehen vor der Herausforderung, dass intelligente, lernende Maschinen mit großen Datenmengen weitreichende Analysen durchführen und Problemlösungen rasch erarbeiten und optimieren können. Verschiedene Beratungsformen werden antizipiert, die Bandbreite ist groß: vom virtuellen Consulting mit Videoconferencing bis zum e-consulting auf Basis eines vollautomatisierten Beratungsprozesses [21, 22, 23].

Die Nachfrage nach Beratern in all diesen Bereichen spiegelt die Notwendigkeit wider, dass sich Unternehmen in einem sich ständig weiterentwickelnden Umfeld anpassen und wettbewerbsfähig bleiben müssen.

Auf Seite der Unternehmensberatungen werden vor allem Kooperationen und professionelles Wissensmanagement erfolgsbestimmend [24]. Um die Komplexität in den Themenbereichen und die Kundenanforderungen bewältigen zu können – und Hidden Knowledge[2] zu vermeiden, ist vor allem eine part-

2 „Hidden Knowledge" bezeichnet das Wissen und die Erfahrung des Beraters, die mitunter nicht übereinstimmen mit den Kundenanforderungen, aber dennoch im Leistungsversprechen gegenüber dem Kunden angeführt werden [25].

nerschaftliche Zusammenarbeit zwischen spezialisierten Beratern maßgeblich. Durch das Arbeiten in Kooperationen und Netzwerken gewinnen gerade spezialisierte Berater breites Know-how und fachübergreifendes Wissen. In jedem Fall ist es für gelungene Beratungsprojekte wesentlich, das Wesen, die Grundzüge und die erfolgsbestimmenden Faktoren einer funktionsfähigen Kunden-Berater-Beziehung zu verstehen und dafür ein Qualitätsverständnis zu entwickeln.

2.2 Systemperspektive und Qualitätsperspektive

Unternehmensberatung ist in erster Linie eine vertrauensbasierte Leistung, die auf eine professionelle Wissensbasis zurückgreift, um Kundenprobleme unterschiedlicher Art zu lösen. Dabei bringen Berater ihr fachliches Know-how ebenso wie Methoden, Benchmarks, Geschäftsmodelle, Konzepte und Techniken sowie ihre Persönlichkeit und Erfahrungen ein. Idealerweise basieren die Dienstleistungen auf gemeinsam geteilten Werten zwischen Berater und Kunden und sind gleichzeitig an den Zielen des Kunden ausgerichtet. Beratung ist somit ein wechselseitiger Prozess des Suchens, Gebens und Erhalts von Expertise in unterschiedlichen Formen, der für beide Seiten und für die Betroffenen vorteilhaft ist.

Unabhängig davon, ob es sich um standardisierte Beratungsprodukte oder komplexere Beratungsleistungen handelt, in jedem Fall ist ein wesentlicher Bestandteil der Unternehmensberatung das Beziehungsmanagement. Berater und Kunde formen einen integrierten Prozess zur Unterstützung der Wirksamkeit der gemeinsamen Aktivitäten. Damit sind auf Beraterseite Fähigkeiten angesprochen, sensibel die Kundenerwartungen zu eruieren und aus der Perspektive des Kunden zu hinterfragen, um möglichst wirkungsvolle Methoden einsetzen zu können. Kunden haben die Herausforderung, unterschiedliche Parteien und Interessen in der Kundenorganisation auf einen gemeinsamen Nenner zu vereinen. Beide Seiten – Berater und Kunden – leisten dabei einen wesentlichen Beitrag zum Gelingen einer Vertrauensbeziehung in der Beratung.

Eine Vertrauensbeziehung in der Unternehmensberatung basiert auf drei Säulen:

Kommunizierte vertrauensbildende Werthaltungen

Typische vertrauensbildende Werte der Unternehmensberatung sind Kundenorientierung, Qualitätsorientierung, Objektivität, Integrität, Unabhängigkeit, Eigenverantwortung, Seriosität, Fairness, soziale Verantwortung, Nachhaltigkeit [26, 27]. Kennen die jeweiligen Partner die gegenseitigen Werthaltungen, so sind sie in der Lage, das Verhalten des anderen in kritischen Situationen zu verstehen und entsprechend vorausschauend zu handeln. Es ist dabei zunächst die Verantwortung des Beraters, den Kunden einen Vertrauensbeweis zu geben.

Kommunikative Maßnahmen können das Vertrauen in der Kunden-Berater-Beziehung stärken:

- Die Kommunikation der Werte und Erwartungen ist für eine erfolgreiche Projektabwicklung unerlässlich. Nur wenn Motive, Rollen, Ziele, Verantwortlichkeiten und Prozesse artikuliert und für beide Seiten, den Berater und den Kunden, erkennbar sind, kann ein für alle Beteiligten zufriedenstellendes Ergebnis entstehen. Es gilt daher der Grundsatz der „Mitverantwortung".
- Empfehlenswert ist es auch, Einigkeit über wesentliche Regeln für die Zusammenarbeit zwischen Kunde und Berater herzustellen und vorab zu vereinbaren. Klar abgestimmte und verstandene Regeln schaffen Vertrauen, verringern die Gefahr von Missverständnissen und erhöhen die Projekteffizienz und -effektivität.

  Dazu zählen unter anderem Qualifikationen und Qualitätsnachweise (siehe Kap. 3 und 4 sowie 6 und 7). Diese „Vertrauensgeschäfte" haben jedoch nur dann einen Wert, wenn sie von den Kunden geschätzt und eingefordert werden. Denn: Das letzte Wort hat immer noch der Kunde. Dieser bestimmt, was für das Unternehmen akzeptabel ist und umgesetzt wird.
- Ebenso ist ein klar strukturierter und vor allem nachvollziehbarer Beschaffungsprozess für den Aufbau von Vertrauen wesentlich. Berater sollen verstehen können, welche Anforderungen die Kunden an sie stellen und welche Rolle von ihnen erwartet wird.

Beratungskompetenzen bei Unternehmensberatung und Kunde

Die Erfolgsfaktoren der Unternehmensberatung werden maßgeblich von den Grundhaltungen und dem Verhalten der am Beratungsprozess beteiligten Personen bestimmt. Klares Erfolgspotenzial der Unternehmensberatung sind daher die Ressourcen mit ihren Werthaltungen und Kompetenzen[3] – auf Berater- und Kundenseite.

- **Kompetenzen des Beraters:**

  Erfolgreiche Beratungsprojekte sind jene, bei denen die Erwartungen und Ansprüche der Kunden und deren Umwelten bestmöglich erfüllt werden. Bestimmte fachliche Kompetenzen sind grundlegend, denn dafür wird der

3 Unter Kompetenz wird allgemein das Zusammenspiel von Wissen, Fähigkeiten und Fertigkeiten zur Bewältigung von Herausforderungen und Problemlösungen verstanden [28].

Berater beauftragt, sie sind jedoch nicht ausreichend. Die besten Ergebnisse werden mit Beratern erzielt, die eine Kombination aus fachbezogenen, methodischen und sozialen Fähigkeiten aufweisen, um die Vernetzung in der Kommunikation, den Beziehungen der Beteiligten und der Projektabwicklung zu berücksichtigen.

Das Gesamterscheinungsbild eines Beraters wird dabei geprägt von [29]

- Kernkompetenzen, die mit der Unternehmensberatung in direktem Zusammenhang stehen
- Kontextkompetenzen, die die Professionalität der Beratung und des Beraters positiv beeinflussen.

Kernkompetenzen für die Unternehmensberatung

- **fachliche Kompetenz**

  Wissen, Fähigkeit und Erfahrung in einem bestimmten Gebiet oder Bereich
- **Branchenkompetenz**

  vertiefte Kenntnisse in bestimmten Branchen
- **Beratungskompetenz**
  - *soziale Kompetenz*: Fähigkeit, soziale Prozesse in Gang zu setzen und zu gestalten
  - *Handlungs- und Umsetzungskompetenz*: Fähigkeit, Verantwortung zu übernehmen und entsprechend einzusetzen und die Umsetzung zu unterstützen
  - *Kundenintegrationskompetenz*: Fähigkeit, Betroffene zu Beteiligten machen
  - *Methodenkompetenz*: Fähigkeit, adäquate Beratungsmethoden und -tools zur Problemlösung, des Konfliktmanagements und zur Kreativitätsförderung einzusetzen, verbunden mit einem professionellen Projektmanagement
- **persönliche Kompetenz/Ethikkompetenz**
  - Fähigkeit, die eigenen Stärken und Schwächen zu kennen, Selbstreflexion
  - Integrität, Zuverlässigkeit, Verantwortungsbewusstsein, Seriosität, Objektivität

Kontextkompetenzen für die Unternehmensberatung

- **Technologiekompetenz**
  Fähigkeit zur gezielten Nutzung von digitaler Technik und Artifical Intelligence, um Wissen systematisch zu generieren und zu nutzen sowie Beratung, wo zweckmäßig, zu digitalisieren
- **Netzwerkkompetenz**
  Fähigkeit, aus Kooperationen und Netzwerken nachhaltige Vorteile für alle Beteiligten zu generieren
- **Medienkompetenz**
  professioneller Umgang mit Medien durch aktive Nutzung der Medien und Lieferung von Beiträgen

Die Beraterstudie der Wirtschaftsuniversität Wien [11] hat deutlich gemacht, dass das fachliche Know-how und die Branchenkenntnis die wichtigsten Kriterien bei der Auswahl eines Beratungsunternehmens sind. Umsetzungskompetenz, erwartete Performancesteigerung und maßgeschneiderte Lösungen sind die weiteren wesentlichen Kriterien bei der Entscheidung zwischen verschiedenen Beratern.

Ein sehr umfassendes Modell der Qualifikation der Unternehmensberater ist darüber hinaus das ICMCI Kompetenzmodell, das vom internationalen Beratungsverband ICMCI entwickelt wurde [30]. Dieses gilt als Mindeststandard für professionell agierende Unternehmensberatungen und ist gleichzeitig Grundlage für die Zertifizierung zum CMC „Certified Management Consultant“ (siehe Kap. 3.1).

- **Beratungskompetenzen des Kunden**:
  Jede Münze hat zwei Seiten. Damit ein Beratungsprojekt zur Zufriedenheit der Beteiligten und Betroffenen abgewickelt werden kann, ist ebenso ein qualifizierter Beitrag des Kunden erforderlich. Um mögliche Risiken in Beratungsprojekten zu vermeiden, ist es daher auch für Kunden zweckmäßig, sich Expertise in Bezug auf Beratung anzueignen.

  Der Kunde benötigt neben einem fachspezifischen Grundwissen zur Lösung des Problems auch beratungsspezifisches Wissen, insbesondere über die Beauftragung, Koordination und Steuerung des Beratungsprojektes – und damit Beratungskompetenzen im weiteren Sinne.

Beratungskompetenzen im weiteren Sinne beim Kunden

- **fachliche/funktionale Kompetenz**

  Wissen, Fähigkeit und Erfahrung in einem bestimmten Gebiet oder Bereich

- **Problemlösungs- und Entwicklungskompetenz**

  Fähigkeiten zur Gestaltung sozialer Interaktionen und Konfliktlösung, aber auch zu Lernen, Wissensmanagement und Innovation

- **Handlungs- und Entscheidungskompetenz**

  Fähigkeit, Verantwortung zu übernehmen und entsprechend anzuwenden

- **Methodenkompetenz**

  Wissen, verbunden mit der Fähigkeit, Beratungsmethoden und -tools anwenden zu können

- **Ethikkompetenz**

  Integrität, Glaubwürdigkeit, Zuverlässigkeit, Verantwortungsbewusstsein, Objektivität

- **Beratungskompetenz**

  Wissen und Erfahrung des Kunden in der Beauftragung und dem Einsatz von Unternehmensberatern sowie dem professionellen Management von Beratungsprojekten

- **Medienkompetenz**

  Kunden können einen wesentlichen Beitrag leisten durch eine mediale Berichterstattung über Best Practices, erfolgreiche Projekte und Erfahrungen mit Beratern bzw. Beratungsunternehmen.

Dabei stellt sich grundsätzlich die Frage, wer denn überhaupt der Kunde in einem Beratungsprojekt ist und somit Beratungskompetenzen aufweisen sollte. Die Norm ISO 20700 unterscheidet in Abschnitt 3 zwischen dem „Klienten“, der den von der Unternehmensberatung bereitgestellten Unternehmensberatungsdienstleistungen zustimmt, und dem „Empfänger“, der die Leistung erhält, die mit dem „Klienten“ vereinbart wurde.[4] Der Klient könnte auch als

4 Gemäß DIN EN ISO 20700:2019-01 wird der Beratungskunde mit Begriff „Klient“ definiert, im Sinne der Übersetzung des Begriffs „client“ aus der englischen Fassung ISO 20700:2017. Im Rahmen dieses Buches wird dafür der in der Beratungspraxis aus unserer Sicht gängigere Begriff „Kunde“ bzw. „Beratungskunde“ verwendet – ausgenommen davon sind Texte, die sich direkt auf die Norm beziehen.

„Primärkunde“ bezeichnet werden und ist als Auftraggeber des Beratungsprojektes hauptverantwortlich für die Auswahl der Unternehmensberatung, die Bereitstellung der personellen und finanziellen Ressourcen und die Sicherstellung der Umsetzung. Demgegenüber ist der „Endkunde“ Betroffener und verantwortlich für die Umsetzung des Projektes [31]. Diese Rollen können in Beratungsprojekten auch identisch sein.

Für erfolgreiche Beratungsprojekte ist es zweckmäßig, wenn bei allen Kundengruppen jedenfalls die Methodenkompetenz verbunden mit der Ethik- und Problemlösungs-/Entwicklungskompetenz vorhanden sind und angewendet werden. Das Management einer Kundenorganisation gestaltet darüber hinaus mit einem profunden Wissen über die Unternehmensberatung und ihren Qualitätskriterien die Professionalität und Wirksamkeit der Kunden-Berater-Beziehung und der Beratungsergebnisse mit.

Qualität der Unternehmensberatungsdienstleistung

Unternehmensberatung gehört zu den wissensbasierten Dienstleistungen, die durch einen hohen Grad an Interaktivität, Kreativität, Innovation und Individualisierung gekennzeichnet sind. In der Unternehmensberatung ist das „Produkt“ daher der Prozess der Beratungsdienstleitung mit dem Beratungsergebnis, der Lösung. Die Qualitätsmerkmale der Unternehmensberatung können sich dabei – in Anlehnung an das Qualitätsmodell von Donabedian – auf folgende Einheiten beziehen [32]:

- die Leistungen und deren Ergebnisse (Ergebnisdimension)
- die damit im Zusammenhang stehenden Prozesse und Aktivitäten sowie die Methoden im Beratungsprozess (Prozessdimension)
- die erforderlichen Ressourcen zur Erfüllung der Qualitätsziele (Potenzialdimension und Beziehungsdimension)

Qualität der Unternehmensberatungsdienstleistung („Beratungsqualität“) umfasst somit das Ausmaß, in dem die Ressourcen und der Beratungsprozess sowie dessen Ergebnis die Anforderungen erfüllen. Die Beratungsqualität kann dabei aus Sicht der Beratungsanbieter und der Kunden definiert werden.

Qualitätsmerkmale sind unter anderem ein exakt definierter Beratungsauftrag, ein klar strukturierter Prozess mit adäquaten Beratungsmethoden und qualifizierte Beteiligte, ebenso die Beraterauswahl und das Management des Beratungsprozesses durch den Kunden. Maßgeblich beeinflusst wird die Beratungsqualität durch die Werthaltungen und Kompetenzen auf Berater- und Kundenseite [33].

Dabei gilt: Berater und Kunden leisten jeweils ihren Beitrag zur Sicherung der Beratungsqualität – als gemeinsame Verantwortung für effektive Beratungsleistungen in der Kunden-Berater-Beziehung. Diese Qualitätssicherung ist eng verbunden mit der Diskussion um „Consulting Governance“ [34, 35] im Sinne von Regelungen, nach denen sich die Berufsgruppe richtet [36].

Im Rahmen der „Consulting Governance“ sollten sowohl Berater als auch Kunden jeweils entsprechende Regelungen für ihre Tätigkeiten und Organisation formulieren. Es handelt sich dabei um klare Regeln für die Unternehmensberatungsdienstleitung – zur Zusammenarbeit zwischen Kunde und Berater in Bezug auf Prozesse, Arbeitsweisen, Methoden und Qualifikation. Die relevanten Fragestellungen betreffen die Auftragsvergabe und das Vertragsmanagement sowie das Projektmanagement und die Evaluation der Beratungsdienstleistung [37] mit dem Ziel, eine ergebnisorientierte und transparente Auswahl und Umsetzung von Unternehmensberatung zu ermöglichen – auch auf Basis von Branchenstandards. Die Themen werden in den Kapiteln 3 und 4 für die Beratungsbranche näher ausgeführt.

Im Sinne der „Consulting Governance“ kann die Beratungsqualität folgendermaßen dargestellt werden [38]:

Beratungsqualität (= Qualität der Unternehmensberatungsdienstleistung)

=

Beratungskompetenz × Inhalt × Prozess × Akzeptanz × Umsetzung × Nachhaltigkeit

- Die **Beratungskompetenzen** der Unternehmensberatung und auch in der Kundenorganisation wurden bereits als Schlüsselfaktoren für erfolgreiche Beratungsprojekte dargestellt. Wesentlich ist, dass diese Kompetenzen auf beiden Seiten in der Kunden-Berater-Beziehung offen kommuniziert werden, u. a. durch entsprechende Qualitätsnachweise der Berater, und jedenfalls in der Qualität der Projektabwicklung sichtbar sind.
- Das Design der **Beratungsinhalte** und des **methodischen Vorgehens im Beratungsprozess** liegt vor allem in der Verantwortung der Unternehmensberatung. Es geht darum, mit den vorhandenen Ressourcen nachhaltige Ergebnisse und Lösungen zu finden. Die Integration und Mitwirkung des Kunden soll Akzeptanz schaffen – im Sinne von „bejahenden oder tolerierenden Einstellungen von Personen oder Gruppen gegenüber Regelungen, die sie für sich als relevant und gültig erkennen“ [39]. **Akzeptanz** bei den

Beteiligten und betroffenen Interessensträgern ist eine wichtige Voraussetzung für die Umsetzung und Nachhaltigkeit von Lösungen.

- Je umfangreicher ein Projekt angelegt ist, desto komplexer wird seine **Umsetzung** sein und desto mehr Führung und Steuerung sind erforderlich [40]. Die alleinige Verantwortung für die Umsetzung sollte jedoch grundsätzlich nicht nur beim Berater liegen. Vielmehr kann für eine erfolgreiche Projektabwicklung die Kundenorganisation eine Teilverantwortung leisten, damit die Ergebnisse in der Organisation auch verankert werden können.
- **Nachhaltig** sind die Lösungen, wenn die Beratung wirksam ist [41]. Die Nachhaltigkeit in den Projektergebnissen wird jedoch nicht erst durch die Umsetzung sichergestellt, sondern vor allem durch einen systematischen und transparenten Beratungsprozess – von der Angebotslegung bis zur Evaluierung [42]. Dabei sollen die Beratungsinhalte, -aktivitäten und -ergebnisse hinsichtlich der Risiken und Auswirkungen auf alle Interessensträger festgelegt und evaluiert werden.

Beratungsqualität benötigt jedoch auch Voraussetzungen der Kunden-Berater-Beziehung und der Beratungsdienstleistung. Die wesentlichsten Voraussetzungen für erfolgreiche Beratungsprojekte sind zusammenfassend dargestellt.

Voraussetzungen für Beratungsqualität:

- **vertrauensbildende Beziehungen** mit gemeinschaftlicher Verantwortung
- **Kundenintegration** und Einbeziehung der **Interessensträger**
- **Beratungsmethoden mit Fokus** – je nach Kundenanforderungen – auf Veränderungen, Konfliktlösung und neuer Ideen
- **umsetzungsorientierte, nachhaltige Ergebnisse** (Empfehlungen, Lösungen, Akzeptanz, Umsetzungsmaßnahmen, Nachhaltigkeit in Kosten-Nutzen-Relationen)
- zweckmäßige **Branchenstandards** der Unternehmensberatung

Beratungsqualität setzt jedenfalls eine Kunden-Berater-Beziehung voraus, die auf Vertrauen und einem partnerschaftlichen Verhältnis, entsprechenden Beratungskompetenzen sowie profunden Beratungsprozessen basiert. Standards können einen grundlegenden Beitrag zur Qualitätssicherung der Unternehmensberatung leisten.

3 Standards der Unternehmensberatung

3.1 Entwicklung und Standard-Modelle

Beratende Berufe haben eine lange Tradition, schließlich geht es um den Austausch von Expertenwissen durch Methodenanwendung auf vielfältigen Ebenen. Deren Professionalisierung führte dazu, dass sich tendenziell Berufsgruppen etabliert haben. Die Unternehmensberatung ist eine relativ junge Berufsgruppe, wobei weder international noch im deutschsprachigen Raum – mit Ausnahme Österreichs[5] – gesetzlich geregelte Zugangskriterien gelten.[6] Die Berufsbezeichnung „Unternehmensberater“ ist damit nicht geschützt. In vielen Ländern basiert die Qualitätssicherung der Beratungsleistung und -kompetenz auf der Vertragsvereinbarung zwischen Auftraggeber und Auftragnehmer und unterliegt dem jeweiligen nationalen Recht. Daneben gibt es zahlreiche Aus- und Weiterbildungsmaßnahmen zu unterschiedlichen Kompetenzen.

Auch wenn grundsätzlich die Schwelle zum Markteintritt relativ gering ist, bedeutet dies nicht, dass die Tätigkeit in der Unternehmensberatung vollkommen ungeregelt ist. Eine Legitimation, d. h. eine allgemein anerkannte Rechtfertigung zur Ausübung des Berufs kann durch folgende Bereiche gegeben sein [43, 44]:

- Mitgliedschaft in anerkannten Berufsverbänden
- Orientierung an etablierten Berufsgrundsätzen bzw. Berufsbildern
- Einhaltung anerkannter Qualifikationsniveaus sowie Ausbildungen
- Governance durch berufsethische Regelungen, Standards und Normen
- Zusammenarbeit mit Kunden und Interessensträgern der Branche

---

5 In Österreich sind die Zugangsvoraussetzungen mit formalen Mindestausbildungserfordernissen sowie Mindesterfahrung in der beruflichen Praxis gesetzlich geregelt (siehe Unternehmensberatungs-Verordnung BGBl. II Nr. 94/2003, zuletzt geändert durch die Verordnung BGBl. II Nr. 294/2010). Personen, die diese Voraussetzungen nicht erfüllen, können durch die Absolvierung einer Prüfung die formalen Voraussetzungen der Unternehmensberatungs-Verordnung erlangen – auf Basis der Anforderungen der Beratungsnorm ISO 20700.

6 Unternehmensberatung ist damit grundsätzlich keine „Profession“ im Sinne einer reglementierten Berufsgruppe, kann aber sehr wohl als Beruf eingestuft werden, da es sich auch hier um eine „dauerhaft angelegte, i. d. R. eine Ausbildung voraussetzende Betätigung, die Arbeitskraft sowie Arbeitszeit überwiegend in Anspruch nimmt“ [45] handelt. Siehe dazu näher die Diskussionen bei Ennsfellner & Herget, [44].

Heute ist der Berufsstand der Unternehmensberatung in Verbänden organisiert, die eng mit Kundenorganisationen, der Wissenschaft und den Medien in den einzelnen Ländern und Regionen zusammenarbeiten. Um eine Grundlage für eine erfolgreiche Kunden-Berater-Beziehung zu schaffen, hat die Beraterbranche reagiert und in Zusammenarbeit mit Interessensträgern mehrere Standards entwickelt. Sie stellt damit sicher, dass Berater, Kunden und Interessensträger auf branchenbezogene Standards zurückgreifen können.

- **Standards** sind normative Dokumente, die Leitlinien und Qualitätsmerkmale für Beratungstätigkeiten oder deren Ergebnisse festlegen [46, 47]. Sie umfassen Anleitungen für die Beratungspraxis, die Qualifikationen und deren Bewertungen.
- Eine spezielle Ausprägung von Standards sind **Normen**. Normen werden von den nationalen und internationalen Normungsinstituten nach einem festgelegten Verfahren entwickelt und festgelegt. Sie haben entweder Empfehlungscharakter (im Sinne „wie etwas sein soll“) oder enthalten Anforderungen, die erfüllt werden müssen [48].
- **Standards der Unternehmensberatung** sind das Ergebnis einer „Vereinheitlichung“ von Qualifikationsanforderungen, Werten und Prinzipien sowie der Prozessabwicklung von Beratungsdienstleistungen, die von den Berufsverbänden (international und national) – ggf. in Zusammenarbeit mit den internationalen und nationalen Normungsinstituten – in Form von „Grundsatzdokumenten“ erstellt und den Mitgliedern zur Umsetzung empfohlen werden.

Alle Standards der Unternehmensberatung haben Empfehlungscharakter und basieren auf einer **freiwilligen Anwendung** seitens der Unternehmensberatung und deren Kunden. Die Einhaltung spezieller Standards kann auch vertraglich vereinbart werden.

Standards – insbesondere Normen – haben in der Unternehmensberatung jedoch noch keine lange Tradition. Dies zeigt sich auch darin, dass es aktuell nur einige Publikationen zum Thema gibt [49, 50, 51]. Abbildung 1 zeigt die wesentlichen Standards der Unternehmensberatung mit ihren Entwicklungsphasen.

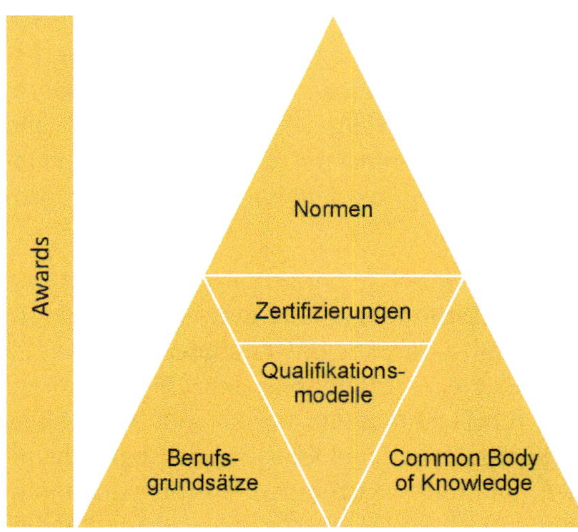

Abbildung 1: Standards in der Unternehmensberatung und ihre Entwicklung im Zeitablauf

Die folgenden Ausführungen geben einen Überblick über diese Standards sowie einen Einblick, wie sie sich schrittweise in der Beratungsbranche etabliert haben.

3.1.1 Berufsgrundsätze & Common Body of Knowledge

Von den Berufsverbänden werden „Berufsgrundsätze", „Berufsbilder" oder ein „Common Body of Knowledge"[7] im Sinne einer Orientierungsgrundlage für die Durchführung von Unternehmensberatung etabliert, die sich nach den zugrundeliegenden nationalen Regelungen und internationalen Standards richten. Anbieter erhalten damit einen Überblick über die berufsbezogenen Aktivitäten und Prozesse und verpflichten sich u. a. zu Prinzipien wie Objektivität und Neutralität, Vertraulichkeit im Umgang mit Kundendaten, fairem Wettbewerb und angemessenen Honoraren. Kunden bekommen Anhaltspunkte über die Wesensmerkmale von Unternehmensberatung und für die Auswahl von Beratungsleistungen.

3.1.2 Qualifikationsmodelle

Viele Berufsinstitute und Fachverbände sind darüber hinaus Teil von **ICMCI** International Council of Management Consulting Institutes und europaweit mit der **FEACO**, der European Federation of Management Consultancies Associations, assoziiert. Die internationalen Beratungsverbände investieren in

7 Siehe z. B. BDU Berufsgrundsätze und Qualitätsstandards [27, 52]; Berufsbild Unternehmensberatung [53]; ICMCI Summary Common Body of Knowledge [54].

die Entwicklung professioneller Qualifikationsmodelle[8] und etwaiger Zertifizierungen, um die Kompetenzen sowie das Image und die Wettbewerbsposition der Unternehmensberatung positiv zu beeinflussen und zu fördern. Dies führt zu einer gegenseitigen Anerkennung von Qualifikations- und Beratungsleistungsanforderungen – damit können Berater an Projekten im In- und Ausland arbeiten und an vergleichbaren Aus- und Weiterbildungen partizipieren.

- Ein umfassendes Modell für Qualifikationen in der Unternehmensberatung ist das **ICMCI Kompetenzmodell für Unternehmensberater** [30]. Dieses gilt als Mindeststandard für professionell agierende Unternehmensberatungen und ist gleichzeitig Grundlage für die Zertifizierung zum CMC „Certified Management Consultant". Das ICMCI Kompetenzmodell gibt Aufschluss darüber, in welchen Bereichen Kompetenzen und Know-how vorhanden und weiterentwickelt werden sollen, und unterstützen so die Professionalisierung der Unternehmensberater sowie die Qualitätssicherung für Kunden insbesondere bei der Beraterauswahl und -bewertung.

Abbildung 2 zeigt das ICMCI Kompetenzmodell im Überblick. Schlüsselqualifikationen für Unternehmensberatungen sind die Fachkompetenz verbunden mit Branchenerfahrung, Beratungskompetenz – insbesondere Methodenkompetenz und Technologiekompetenz – und sozialer sowie persönlicher Kompetenz. Jeder Kompetenzbereich wird in einer Matrix im Detail konkretisiert und näher erläutert. Die gesamte Matrix kann von der ICMCI-Webseite abgerufen werden.

8 Qualifikation ist die Gesamtheit der Kenntnisse, Fähigkeiten, Fertigkeiten, Einstellungen und Werthaltungen, über die eine Person verfügen muss, um einen Beruf angemessen ausüben zu können. Dabei wird der Qualifikationsbegriff zunehmend durch den Begriff der Kompetenz ersetzt [55].

Abbildung 2: ICMCI Kompetenzmodell für Unternehmensberatung [30]

Das ICMCI Kompetenzmodell kann auch als Praxishilfe für Berater verwendet werden, um die eigenen Kompetenzen zu bewerten und sich intensiver mit der persönlichen Entwicklung auseinanderzusetzen. Beratungskunden erhalten damit Anhaltspunkte und Kriterien für die Bewertung der Kompetenz von Unternehmensberatungen.

- Größere Beratungsunternehmen haben eigene Modelle zum Nachweis der Beratungskompetenzen entwickelt, wie beispielsweise die bekannten Partnermodelle mit der Unterscheidung in „Senior Consultants" und „Junior Consultants".
- Des Weiteren sind in einigen Ländern in den letzten Jahren auch für die Unternehmensberatung der Europäische Qualifikationsrahmen (EQF) sowie die nationalen Qualifikationsrahmen (NQR) in den Fokus gerückt. Deren Zielsetzung ist die Vergleichbarkeit von Branchen-Qualifikationen auf internationaler oder nationaler Ebene – zur Erhöhung der Transparenz von Qualifikationen und Weiterentwicklung der Lernergebnisorientierung.[9]

---

9 Beispielsweise ist in Österreich die Unternehmensberaterprüfung für Personen, die nicht die Voraussetzungen der Unternehmensberatungs-Verordnung erfüllen, auf Basis des österreichischen nationalen Qualifikationsrahmens der Niveaustufe 7 „Wissensanwendung auf hohem Niveau" [56] ausgerichtet.

3.1.3 Zertifizierungen & Akkreditierungen

Darüber hinaus wird auch in der Unternehmensberatung seit Längerem diskutiert, ob und welche Konformitätsbewertungen sinnvoll und zweckmäßig sind – und damit, ob die Kompetenzmodelle und Standards zertifizierbar sein sollen.

- **Konformitätsbewertungen** bezeichnen ein Verfahren zur Bewertung von Standards, mit dessen Hilfe die Einhaltung der Anforderungen oder Empfehlungen nachgewiesen und regelmäßig überprüft wird [57].

  Die entsprechenden Nachweise – im Sinne von Konformitätserklärungen – können grundsätzlich auf drei Arten erfolgen:

  - durch eine Selbstdeklaration des Leistungserbringers („1st-Party“)
  - durch eine Konformitätserklärung seitens des Anwenders bzw. Kunden („2nd-Party“)
  - durch eine unabhängige Zertifizierungsstelle („3rd-Party“)
- Das Vertrauen in Ausbildungen und Zertifikate ist jedoch von der Kompetenz der Zertifizierungsstelle bestimmt. Viele der Zertifizierungsstellen belegen daher die Qualität ihrer Bildungs- und Zertifizierungsangebote durch eine **Akkreditierung** ihrer Institution. Dabei werden die Kompetenz des Personals und das Managementsystem der Zertifizierungsstelle durch eine Akkreditierungsstelle begutachtet und überwacht [58]. Als anerkannter Nachweis der Akkreditierung ist die Zertifizierungsstelle berechtigt, ihren Kunden Zertifikate nach DIN EN ISO/IEC 17024:2012-11 („Konformitätsbewertung – Allgemeine Anforderungen an Stellen, die Personen zertifizieren“) auszustellen. Dies stellt die Qualität der Zertifikate und Ausbildungen am Markt auf international vergleichbarem Niveau sicher.

Mit einer Zertifizierung kann somit ein allgemein anerkannter Nachweis erbracht werden, dass die erforderlichen Qualifikationen und Kompetenzen beim Beratungsunternehmen vorhanden sind und auf ein professionelles Vorgehen im Beratungsprozess vertraut werden kann. Zertifizierungen sind wichtige qualitätssichernde und vertrauensbildende Maßnahmen in der Berater-Kunden-Beziehung. Sie haben jedoch dort ihre Grenzen, wo kreative Prozesse und Methoden eingesetzt werden. Denn die Lösungsfindung in Beratungsprojekten benötigt auch individuelle Gestaltungsspielräume (siehe dazu auch Kap. 3.2 und 4).

- **CMC Certified Management Consultant**

  Der international anerkannte Kompetenzstandard für Unternehmensberater „CMC Certified Management Consultant“ steht für Qualifikation,

Professionalität, ethisches Verhalten, Wissen und Erfahrung des Unternehmensberaters. Grundlage für die Zertifizierung zum CMC ist das ICMCI Kompetenzmodell für Unternehmensberater [30].

Dieser Kompetenzstandard wurde vom internationalen Beratungsverband ICMCI entwickelt und ist heute weltweit von mehr als 50 nationalen Beratungsverbänden als Zertifizierungsstellen anerkannt. Zertifizierungsstellen sind die nationalen Beratungsverbände, die Mitglied bei ICMCI sind, und auf Basis von Äquivalenz- und Reziprozitätsabkommen sowie durch regelmäßige Assessments diesen internationalen Standard akzeptieren und ihn national umsetzen und bekanntmachen [59].

Nutzen des CMC für **Unternehmensberatungen**:

- Nachweis für „State-of-the-art“ der Beratungskompetenz und der Orientierung an der Beratungsnorm ISO 20700
- Erleichterung für grenzüberschreitende Kooperationen durch länderübergreifende Anerkennung der Nachweise
- Imageförderung durch Signalisieren eines Qualitätsbewusstseins
- Sicherung von Individualität, Kreativität und Innovation durch individuelle Methodenwahl in der Beratung

Nutzen des CMC von Beratern für **Kunden**:

- Orientierungs- und Entscheidungshilfe bei der Auswahl von Unternehmensberatungen
- Kompetenznachweise als Grundlage für Qualitätssicherung im Beratungsprojekt
- Weiterbildung und Monitoring sichern Professionalität in der Kunden-Berater-Beziehung

– **Zertifizierungen in Spezialbereichen der Unternehmensberatung**

Des Weiteren werden von Beratungsverbänden und Ausbildungsinstitutionen – zumeist nationale – fachspezifische Zertifizierungen in Spezialbereichen mit Relevanz für Unternehmensberatung angeboten.[10] Diese Zertifizierungen dienen dazu, die Spezialisierungen und fachlichen Kernkompetenzen der Unternehmensberater gegenüber Kunden transparent zu

10 Einige Beispiele sind: Sanierungsberater-CMC, Certified Executive Recruitment Consultant CERC (Zertifizierungsstelle BDU Bundesverband Deutscher Unternehmensberatungen), Certified Business Trainer, Certified Business Coach, Certified Digital Consultant, Certified CSR Expert (Zertifizierungsstelle: incite – Fachverband UBIT). Des Weiteren zählen dazu auch die Zertifizierungen im Projektmanagement und Prozessmanagement.

machen. Das Vertrauen in die Qualität des Zertifikates wird erhöht, wenn die Zertifizierungsstelle gemäß ISO/IEC 17024 akkreditiert ist.

Unternehmensberatung leistet einen wesentlichen Beitrag zur Produktivität und Nachhaltigkeit verschiedener wirtschaftlicher Aktivitäten und Sektoren. Dafür entwickelt die Beratungsbranche Standards, wie berufsethische Grundsätze, Qualifikationsmodelle und Zertifizierungen sowie Normen – als Grundlage für „Consulting Governance".

3.1.4 Normen der Unternehmensberatung

Durch die Professionalisierung und steigende Kundennachfrage haben sich in den letzten Jahren auch Normen[11] in der Beratungsbranche etabliert. Dabei können im Wesentlichen zwei Arten unterschieden werden:

- Normen der Unternehmensberatung;
- Normen für die Unternehmensberatung.

Normen der Unternehmensberatung beschreiben bewährte Grundsätze und Verfahren für die Kunden-Berater-Beziehung, um eine effektive, effiziente und akzeptierte Erbringung von Unternehmensberatungsdienstleistungen sicherzustellen. Sie basieren auf dem Ansatz einer gleichberechtigten und verantwortungsvollen Prozessbeteiligung von Beratungsleistungsanbietern und -empfängern.

Darunter fällt die Beratungsnorm ISO 20700 Leitlinien für Unternehmensberatungsdienstleistungen, die die Kunden-Berater-Beziehung mit dem Beratungsprozess und dessen Grundsätzen und Prinzipien darlegt. Die Beratungsnorm ISO 20700 wurde als Leitfaden erstellt – und hat damit Empfehlungscharakter. Sie kann als Grundsatzdokument betrachtet werden, das den Beratungsprozess im Sinne von „Good Practice" beschreibt. Eine Zertifizierung ist nicht gegeben (siehe Kap. 4).

Die Normen der Unternehmensberatung werden von den internationalen Normeninstitutionen ISO (International Organization for Standardization) und CEN (European Committee for Standardization) in Zusammenarbeit mit den weltweiten bzw. europäischen Interessenvertretungen ICMCI und FEACO erarbeitet. Wesentliche Aufgabe der Berufsverbände ist die Entwicklung, Bekanntmachung und Positionierung der Standards und Normen am

11 Norm definiert ein „Dokument, das mit allgemeiner Zustimmung erstellt und von einer anerkannten Normungsinstitution angenommen wurde" [60].

Beratungsmarkt – zur Anwendung für Unternehmensberater, Kunden und relevanten Interessensträgern der Beratungsbranche. Für eine breite Akzeptanz ist es wichtig, dass die Standards und Normen in Zusammenarbeit und unter **Einbindung** von **Kunden**, der **Wissenschaft** und weiterer **Interessensträger** erfolgt [44].

3.1.5 Normen für die Unternehmensberatung

Unternehmensberater sollen einen Überblick haben über gültige Gesetze, Richtlinien, Vorschriften sowie Standards und Normen, die ihre Dienstleistungen bestimmen.

- Daher ist es für Unternehmensberatungen wesentlich, relevante Normen zu kennen, die die Qualität der Beratungsleistungen maßgeblich bestimmen. In der DIN EN ISO 20700:2019-01 sind als Literaturhinweise einige dieser Normen aufgelistet.
  - DIN EN ISO 9001:2015-11, Qualitätsmanagementsysteme – Anforderungen
  - DIN EN ISO 14001, Umweltmanagementsysteme – Anforderungen mit Anleitung zur Anwendung
  - DIN EN ISO 22301:2014-12, Sicherheit und Resilienz – Business Continuity Management System – Anforderungen
  - DIN ISO 21500:2016-02, Leitlinien Projektmanagement
  - DIN ISO 26000:2011-01, Leitfaden zur gesellschaftlichen Verantwortung
  - DIN ISO 37001, Managementsysteme zur Korruptionsbekämpfung – Anforderungen mit Leitlinien zur Anwendung
  - ISO 37301 Compliance-Management – Systeme
  - ISO 31000 Risikomanagement – Leitlinien
  - ISO/IEC 27001 Informationssicherheit, Cybersicherheit und Datenschutz – Informationssicherheitsmanagementsysteme – Anforderungen
- Darüber hinaus ist es ein Zeichen für Qualitätssicherung, einen Überblick über Standards zur Nachhaltigkeit zu haben und diese bei den Beratungsleistungen zu berücksichtigen, wie z. B. Sustainable Development Goals (UN SDGs), Prinzipien des UN Global Compact, Global Reporting Initiative (GRI), European Sustainable Reporting Standards (ESRS), IFRS Sustainability Disclosure Standard, EU-Taxonomie-Verordnung.

3.1.6 Consulting Awards

In der Beratungsbranche gibt es einige Auszeichnungsprogramme, die erfolgreiche Beratungsprojekte bewerten und hervorheben. Sie beziehen sich zumeist auf verschiedene Kategorien aus den Spezialgebieten der Unternehmensberatung und berücksichtigen auch die Unternehmensgrößen der Beratungsunternehmen.[12] In jedem Fall geht es um Best-Practice-Fälle in Beratungsprojekten, wobei auch die Erfüllung von Branchenstandards (z. B. der ISO 20700) in die Projektbewertung einfließen können.

Durch die Teilnahme an Awards können die Erfolge von Beratungsprojekten für die Berater und den Kunden sichtbar gemacht werden. Diese Role Models für exzellente Beratungen schaffen darüber hinaus auch Medienpräsenz sowie Lerneffekte für die Branche.

3.2 Relevanz in der Unternehmensberatung

In Branchen wissensintensiver und kreativer Dienstleistungen mit hoher Individualisierung und Komplexität, wie der Unternehmensberatung, ist die Anwendung von Standards aufgrund des hohen Individualisierungsgrads schwieriger. Auch werden Standards immer wieder im Spannungsfeld mit Innovation gesehen.

Standards der Unternehmensberatung werden daher – mit Ausnahme der branchenbezogenen Berufsgrundsätze bzw. Common Body of Knowledge – immer noch teilweise ambivalent betrachtet. Es ist mitunter der persönliche und unternehmerische Nutzen nicht klar ersichtlich, sodass Vorbehalte für die Anwendung vorliegen, ebenso nach wie vor mangelnde Kenntnis.

Dennoch können wir davon ausgehen, dass die Entwicklung von Standards in der Unternehmensberatung fortschreitet. Die Gründe sind vielfältig.

Zunächst ist die Frage zu klären: Für wen sind die Standards der Unternehmensberatung überhaupt relevant?

Im Kap. 2.2 wurde ausgeführt, dass die Qualitätsmerkmale der Unternehmensberatung die Kunden-Berater-Beziehung betreffen. Erfolgreiche Beratungsprojekte bedingen eine „Co-Produktion" zwischen Berater und Kunden, wobei die Mitwirkung der Kunden in jedem Projekt individuell gestaltet wird. Wichtige Erfolgsgrößen liegen auf Beraterseite im Kompetenzprofil und der Abwicklung des Beratungsprozesses mit seinen nachhaltigen Ergebnissen, während die Kundenseite die Beraterauswahl und das Management des Beratungsprozesses in der Organisation gestaltet.

12 Beispiele sind „Best of Consulting" des BDU Bundesverband Deutscher Unternehmensberatungen und „Constantinus Award" in Österreich, der auf europäischer Ebene durch FEACO und auf internationaler Ebene durch ICMCI verliehen wird, wobei die Auszeichnungen für exzellente Beratungsprojekte an die Berater und den Kunden vergeben werden.

Im Sinne der „Consulting Governance“ (Kap. 2.2) sollten daher sowohl Berater als auch Kunden jeweils entsprechende Regelungen für ihre Tätigkeiten und Organisation formulieren. Denn: Berater und Kunden leisten einen Beitrag zur Sicherung der Beratungsqualität – als gemeinsame Verantwortung für eine effektive Berater-Kunden-Beziehung.

Jedoch: Standards der Unternehmensberatung können nur die **Angebotsseite** umfassen, die gewünschte Mitwirkung und Integration des Kunden in Beratungsprojekten ist eine Empfehlung. Wenn daher in der Unternehmensberatung von Standards gesprochen wird, kann sich die „Vereinheitlichung“ lediglich auf **Qualifikationsanforderungen von Beratern** und die **Prozesse der Unternehmensberatungsdienstleistung** beziehen. Die Wahl der Methoden im Beratungsprojekt obliegt weiterhin den Beratern und kann – ebenso wie die Mitwirkung und Beiträge der Kunden – nicht als Branchenregelung standardisiert werden. Damit ist der notwendige Raum für Innovation, Kreativität und Differenzierung der Beratungsleistungen gewährleistet.

Dennoch ist es empfehlenswert, dass **Kunden** ebenso allgemeine Praktiken und **Regelungen** erstellen, nach denen sie ihre **Unternehmensberatungsdienstleistungen beauftragen, managen und bewerten** – und damit ein entsprechendes Wissensmanagement sicherstellen, um den in der Praxis teilweise unsystematischen, intransparenten und risikointensiven Beschaffungsprozessen entgegenwirken. Dafür ist es wesentlich, die Beratungsstandards der Branche zu kennen.

Wer treibt nun die Nachfrage nach Standardisierung voran?

Als wesentliche Auslöser für Standardisierung können die Kundenanforderungen bzw. die Nachfrage auf Kundenseite gesehen werden, gefolgt vom Wettbewerbsdruck. Generell zeigen Studien und die Erfahrung, dass die Standardisierung – auch in der Unternehmensberatung – vor allem vorangetrieben wird, weil Kunden sie fordern.[13] Dabei sollten die Standards jedoch nicht nur angewendet werden, weil Kunden sie wollen, sondern vielmehr aus strategischen und betriebswirtschaftlichen Kosten-/Nutzen-Überlegungen, und damit betriebsintern legitimiert sein. Denn: „Um die Potenziale der Standardisierung ausschöpfen zu können, müssen Unternehmen Standards als strategischen Faktor wahrnehmen.“ [61] Standards werden damit wesentlicher Bestandteil des Unternehmens- und Beraterprofils. Mit zunehmender Unternehmensgröße steigen die Bedeutung, Wichtigkeit und Anwendung von Standards [62].

13 Siehe dazu auch die Ausführungen zur Entwicklung der ISO 20700 in Kap. 4.1.

Welche Herausforderungen bestehen nun in der Unternehmensberatungsdienstleistung und welcher Nutzen ergibt sich durch die Anwendung von Standards – für Berater, Kunden und die Kunden-Berater-Beziehung [49, 51]?

– **Unternehmensberatung sind wissensbasierte, kreative Dienstleistungen – Standards bieten eine Informationsdrehscheibe für alle Interessensträger**

  Unternehmensberatung ist eine professionelle Dienstleistung, die in hohem Maße immateriell und integrativ ist [63] und damit erklärungsbedürftig. Sie kann aus unterschiedlichen Perspektiven betrachtet werden (siehe Kap. 2) und beinhaltet eine Vielzahl an Rollen, Konzepten, Ansätzen, Prozessen, Vorgehensweisen und Methoden. Um die Unternehmensberatung in all ihren Dimensionen zu verstehen und professionell ausüben zu können, ist eine entsprechende Ausbildung und ständige Weiterbildung notwendig – sowie viel Erfahrung. Dies gilt für Berater und idealerweise auch für Kunden.

  Dem Markt und der breiten Öffentlichkeit ist jedoch oft nicht ausreichend bekannt, was man unter Unternehmensberatung versteht oder eine wirksame Unternehmensberatung ausmacht und welche Kriterien für einen „guten“ Unternehmensberater ausschlaggebend sind.

  Um sich mit der Thematik vertraut zu machen, können die Branchenstandards herangezogen werden. Denn sie geben einen grundlegenden Überblick über das Wesen und die Prozesse der Unternehmensberatung sowie die Anforderungen an die Qualifikation. Branchenstandards werden so zu Informationsträgern, die das Wissen über Unternehmensberatung in einfacher Form für alle Interessensträger transparent machen. Der Vorteil ist auch, dass die Standards öffentlich zugängig sind, zumeist abrufbar über die Webseiten der Verbände bzw. beziehbar über die nationalen Normungsinstitute. Der Einblick in die definierten Qualitätskriterien zeigt darüber hinaus die Professionalität der Branche und steigert das Image des Berufs.

  Und ein weiterer Effekt: Mit zunehmendem Wissen über die Standards und ihre Bedeutung für den Projekterfolg erachten Unternehmen Standards eher als sinnvoll [64].

– **Beratungsleistungen sind „Erlebnisgüter“ – Standards schaffen Maßstäbe zur Bewertung und Konfliktlösung in Beratungsprojekten**

  Der Wert der Leistung wird erst im Zuge oder nach der Inanspruchnahme bekannt. Daher ist es für Kunden nicht immer vollständig nachvollziehbar, welchen Beitrag Beratungsdienstleistungen für ihr Unternehmen leisten können.

Auch ist die Grundsatzfrage nicht einfach zu beantworten: Wann ist ein Beratungsprojekt z. B. zur Unternehmenstransformation, zur Unternehmensnachfolge, zur Teamentwicklung, zur Digitalisierung, u. m. erfolgreich? Je komplexer das Beratungsprojekt ist, desto herausfordernder ist es, objektive, ergebnisorientierte Messgrößen der Beratungsleistung festzulegen und zu erreichen. Denn die Auswirkungen der Beratungsergebnisse sind oftmals erst mittelfristig oder langfristig spürbar (wie z. B. bei der Strategieberatung).

Liegen beim Kunden keine Erfahrungswerte zur Unternehmensberatung vor und fehlen Standards als Anhaltspunkte zur Beurteilung der Beratungsleistung und der Beraterqualifikation, ist es schwierig, die Leistungen zu definieren, zu vergleichen, auszuwählen und zu bewerten.

Dienstleistungsstandards der Unternehmensberatung können ein angemessenes Qualitätsniveau bei der Erbringung von Beratungsleistungen sicherstellen, indem sie die Qualifikation und Kompetenzen auf Anbieterseite darlegen und das Vorgehen bei der Vorbereitung, Planung und Steuerung des Beratungsprozesses festlegen – und damit eine Grundlage definieren, an denen Qualität und Leistung auf Anbieter- und Kundenseite gemessen werden können.

Die Standards geben jedoch lediglich Anleitungen zu Anforderungen und Prozessschritten, jedoch nicht über das „Wie“ im Sinne einer konkreten Ausgestaltung. So wird z. B. im Rahmen der ISO 20700 die Evaluierung der Beratungsleistungen thematisiert und es werden dazu beispielhaft relevante Messgrößen angegeben. Damit ist das Thema Evaluierung im Beratungsprozess dem Grunde nach dargestellt, jedoch nicht mit allen möglichen Messmethoden und Ansätzen zur Kosten-Nutzenbewertung. Ein Detailverständnis zu schaffen, ist dann Aufgabe von Aus- und Weiterbildungen sowie des Wissensmanagements der Beratungsverbände und -branche.

Die Einhaltung der Standards ist daher keine hundertprozentige Qualitätsgarantie, kann jedoch das grundlegende Verständnis, die Transparenz und dadurch auch die Effizienz in Beratungsprojekten steigern. Des Weiteren sind Beratungsstandards auch Teil des Risiko- und Konfliktmanagements in Beratungsprojekten. Denn sie geben Anleitung, wie Erwartungen und etwaige Interessensunterschiede angesprochen und geklärt werden können – und tragen somit zur Risikominimierung und Konfliktlösung in der Kunden-Berater-Beziehung bei. Damit werden Good Practices für die Kunden-Berater-Beziehung geschaffen, die auch den Mehrwert von Unternehmensberatung für Kunden transparent machen können.

- **Unternehmensberatung unterliegt einem hohen Wettbewerb – Standards schaffen Unterscheidungsmerkmale für die Unternehmensberatung**

  Wie bereits in Kap. 3.1 ausgeführt, unterliegt der Beruf des Unternehmensberaters – mit Ausnahme Österreichs durch die Unternehmensberatungs-Verordnung – keiner gesetzlichen Berufsordnung oder einem Berufsbezeichnungsschutz. Die Bezeichnungen „Unternehmensberater, Wirtschaftsberater, Betriebsberater“ können unabhängig von Qualifikation und Erfahrung geführt werden [65]. Angesichts der Tatsache, dass die Beratungsbranche eine hart umkämpfte Branche mit geringen oder keinen Eintrittsbarrieren ist, stellt sich die Frage, welche Berufsstandards die Berater in ihren Beziehungen zu Kunden einhalten sollten [43]. Denn Standards sind ein wesentliches Qualifikationsmerkmal für Unternehmensberatungen. Sie spielen bei der Auswahl von Beratung, aber auch als Qualitätsnachweis bei der Erbringung von Beratungsdienstleistungen eine wichtige Rolle. In der Regel stellt ihre Anwendung keine große Hürde für Unternehmensberater dar, da diese aus der Beratungspraxis entstanden sind.

  Auf Standards basierende Qualitätsnachweise werden so zu einem Unterscheidungsmerkmal in der Unternehmensberatung. Der Verweis auf den Branchenstandard ist grundsätzlich Ausdruck einer Branchenethik und kann aber auch ein gewichtiges Marketingargument sein. Während große Beratungsunternehmen[14] generell ihre eigenen internen Standards für die Qualifikation und Beratungsarbeit geschaffen haben und bereits die Zugehörigkeit zu dieser großen Beratungsorganisation Vertrauen schaffen kann, haben insbesondere Kleinst- und Kleinberatungsunternehmen einen hohen Bedarf, ihre berufliche Qualifikation, Glaubwürdigkeit und Reputation durch den Nachweis der Kenntnis und Anwendung von Branchenstandards zu zeigen.

  Die Einhaltung von Standards kann so das Vertrauen in einen qualitätsorientierten und erfolgreichen Beratungsprozess stärken und damit auch die Inanspruchnahme von Beratungsdienstleistungen fördern. Dafür ist es wesentlich, dass nicht nur Berater, sondern auch Kunden eine grundlegende Kenntnis über anwendbare und aktuell gültige Standards in der Unternehmensberatung erlangen. Die Bekanntmachung der Branchenstandards sowohl bei den Anbietern von Beratungsleistungen als auch bei den Kunden kann grundsätzlich als Aufgabe der Branchenverbände gesehen werden. Im Sinne einer größeren Breitenwirkung sollte die Kommunikation über Stan-

14 In Deutschland repräsentieren die großen Beratungsunternehmen ab 15 Mio. Euro Jahresumsatz knapp 60 Prozent des Gesamtmarktumsatzes [8].

dards darüber hinaus von den Unternehmensberatungen in jedem einzelnen Beratungsprojekt erfolgen. Damit wird Wissen gefördert, was Berater leisten können und sollen und was von ihnen erwartet werden kann.

– **Die Beraterauswahl ist tendenziell mit hohen Such- und Marketingkosten verbunden – Standards ermöglichen eine objektivierte Auswahl von Unternehmensberatungen**

Grundsätzlich kaufen Kunden mit Beratungsdienstleistungen nichts anderes als die Kompetenz und das Können der Berater sowie deren persönliche Erfahrung und ihr Image. Auf Basis dieser subjektiven Faktoren ist es sowohl für den Berater als auch den Kunden herausfordernd, eine gleichbleibende Qualität sicherzustellen.

Die Entscheidung für die Inanspruchnahme von Beratungsleistungen erfolgt – neben schlüssigen Angeboten und plausiblen Kalkulationen – auch auf Basis subjektiver Faktoren wie Reputation und persönliche Erfahrung des Beraters [66]. Dies führt zu hohen Such- und Marketingkosten beim Akquisitions- und Auswahlprozess. Demgegenüber gehen jedoch die Anforderungen der Kunden auch in Richtung „Governance“. Kunden wollen [67]:

- Neutralität und „echte“ Kompetenz
- Seriosität in Preis/Leistung und Verhalten
- Objektivität bei der Analyse und Lösungsfindung in Beratungsprojekten
- Orientierung am „besten Interesse“

Um die Suchkosten zu senken und die Leistung und Effizienz der Auswahl und des Managements von Beratungsdienstleistern zu steigern, sollten Kunden jeder Größe klare vertragliche Regelungen mit den Unternehmensberatungen vereinbaren sowie effiziente Strukturen zur Steuerung der Beschaffungsprozesse schaffen. Dadurch wird indirekt auch die Qualität in der Beratungsbranche gefördert.

Größere Kundenunternehmen haben zumeist ihre eigenen Beschaffungsprozesse und -funktionen, bei denen relevante Standards berücksichtigt werden [49]. Neuere Studien zeigen, dass auch die Compliance- und Rechtsabteilungen beim Einkauf von Beratungsleistungen vermehrt Einfluss nehmen [68]. Dabei wird die Einhaltung von ESG-Kriterien zu einer Voraussetzung für die Auftragsvergabe großer Kundenunternehmen [20].

Für Kunden, vor allem auch jenen, die nicht regelmäßig Beratungsleistungen einkaufen, hat sich eine Checkliste bewährt, die beispielsweise durch die wesentlichen Qualitätsgrundsätze der ISO 20700 führt (siehe Kap. 4.2, 6 und 7) und gemeinsam mit dem Berater ausgefüllt werden kann. Dieser Prozess kann eine Orientierungs- und Entscheidungshilfe für die vorhandenen

Kompetenzen des Beraters und dessen Qualitätsansatz im Beratungsprojekt sein und damit die Auswahl von Beratern objektivieren. Wichtig ist, dass grundsätzlich mehr als ein Beratungsangebot eingeholt wird, bevor die endgültige Kaufentscheidung getroffen wird. Denn dies kann zu weniger Abhängigkeit von einzelnen Beratungsunternehmen und nachvollziehbaren Beratungsdienstleistungen führen [49].

Nicht zuletzt durch den Druck der Kunden, die vermehrt auf nachvollziehbare Qualität und Transparenz in der Unternehmensberatung – im Sinne von Governance – Wert legen, verstärkt sich generell die Nachfrage nach Qualitätsnachweisen [69]. Vor allem für Kunden, die in hochsensiblen Bereichen tätig sind und in ihrer Geschäftstätigkeit vermehrt konfrontiert sind, selbst normative und gesetzliche Regelungen für ihre Produkte und Dienstleistungen anzuwenden, zeigt sich, dass Nachweise seitens der Unternehmensberatung in Bezug auf Qualifizierung, ethische Standards sowie Normen wie die ISO 20700 an Bedeutung gewinnen.

Beratungsstandards sind dann Teil von Anforderungen in Ausschreibungen und Beschaffungsprozessen, wobei auch hier noch Kommunikation in der Branche zu leisten ist, damit diese Standards von Kunden in der Angebotsphase vermehrt auch „eingefordert" werden.

– **Unternehmensberatung hat eine hohe Bedeutung für die Gesamtwirtschaft – Standards können die Entwicklung und Innovation in der Branche fördern**

  In Kap. 2.1 wurde Bezug genommen auf die Unternehmensberatungsdienstleistungen als Wirtschaftsfaktoren, die für die Produktivität und Nachhaltigkeit verschiedener anderer wirtschaftlicher Aktivitäten und Sektoren von wesentlicher Bedeutung sind. Standards der Unternehmensberatung schaffen Transparenz zu Kompetenzen und Prozessen. Dies fördert den Aufbau von Vertrauen in der Zusammenarbeit zwischen Anbieter und Kunde und die Verbesserung der Prozesse, Qualität und Effizienz in der Leistungserbringung – und erhöht damit den Kosten-/Nutzenfaktor von Unternehmensberatung.

  Gesamtwirtschaftlich können diese Vorteile zu folgenden Entwicklungen führen [46, 47]:

  - Konkretisierung und generelle Verbesserung der – auch internationalen – Vertragsbeziehungen, auch zum Schutz der Kundenorganisationen und Interessensträger
  - Reduzierung des Regulierungsaufwands zur Sicherstellung unbürokratischer auch grenzübergreifender Beratungsdienstleistungen

- Erleichterung der gegenseitigen und internationalen Anerkennung von Beratungspraktiken
- Der durch Standards geschaffene Raum für Kreativität und Innovation in den Beratungsleistungen fördert die Wirtschaftsleistungen insgesamt.
- Die Branchenstandards verhindern auch, dass Unternehmen mit großer Marktmacht einseitig Vorgaben machen und diese dem Markt vorschreiben können. „Was Standard ist, darf nicht ein einzelnes Unternehmen bestimmen. Das ist in einem offenen, transparenten Prozess zu klären." [70]
- Standards werden in der Regel auch zur Unterstützung aktueller Themen in Wirtschaft und Gesellschaft eingesetzt, insbesondere von Gesundheit und Sicherheit, Daten- und Umweltschutz. Diese Themen sind z. B. in der ISO 20700 konkret angesprochen und als Grundsätze thematisiert.
- Ebenso können die Regelungen über Mindestanforderungen von Beratungsleistungen mit den entsprechenden Werthaltungen auch Verständnis und Bewusstsein für ethisches Verhalten und ethische Handlungen sowohl in einer Beratung als auch in der Branche und der Wirtschaft schaffen.

Diese Faktoren steigern wiederum die Reputation der Branche – und damit indirekt auch die Nachfrage nach Beratung. So hat sich beispielsweise in Deutschland in den letzten zehn Jahren der Gesamtmarkt an Beratung nahezu verdoppelt, und in den vergangenen 20 Jahren ist das Marktvolumen um 350 Prozent gestiegen.[15] Die gesteigerte Nachfrage erhöht wiederum den Wettbewerb innerhalb der Branche ebenso wie die Innovationsleistungen für die Wirtschaft. Auch der Bundesverband Deutscher Unternehmensberatungen konstatiert in seiner aktuellen Studie, dass „die Beratungsbranche eine Schlüsselindustrie für die nationale Transformation und Zukunftsfähigkeit darstellt." [8].

Standards sind daher ein konstitutives Element für die Branche und ein entscheidendes Instrument für Wirtschaftswachstum, das den Alltag von Unternehmen und Kunden erleichtert [71]. Die europäische und internationale Beratungsbranche wird dadurch weiter professionalisiert und als moderner, für die Gesamtwirtschaft wichtiger Beruf etabliert. Nicht umsonst definiert die ISO 20700 in der Einleitung: „Die Unternehmensberatungsbranche leistet einen wesentlichen Beitrag zur Weltwirtschaft." Standards stellen dabei

15 Dieses Wachstum gilt jedoch nicht durchgängig für den gesamteuropäischen Raum (siehe Survey of the European Management Consultancy [3] und ICMCI National Consulting Index Global Report [7]).

nicht nur eine qualitätssichernde Grundlage für Beratungsleistungen dar, sie sind auch wesentlich für die Entwicklung und Förderung der Beratungsbranche und tragen zur Qualität der Unternehmensberatung und zum Image der Berufsgruppe maßgeblich bei. Diese Entwicklung wird von den Beratungsverbänden vorangetrieben.

Gleichzeitig ist die Branche weiterhin mit einigen Herausforderungen konfrontiert [47]:

- Ermöglichung eines internationalen Marktzugangs mit einer breiten Akzeptanz: Die Reaktionsfähigkeit von Standards auf die Bedürfnisse des Marktes ist der entscheidende Faktor für ihre Wirksamkeit.
- Akzeptanz von Standards auch durch die Interessensträger (u. a. Wissenschaft, Medien, Partnerorganisationen, öffentliche Institutionen) und laufende Kommunikation
- Unterstützung neuer Technologien und Förderung innovativer Ansätze, möglichst ohne die Notwendigkeit, immer wieder neue Beratungsstandards zu kreieren
- Jedoch: Die zu erwartende zunehmende Digitalisierung in der Beratungsbranche in ihren unterschiedlichen Ausprägungen benötigt möglichst international einheitliche Standards für die Nutzung der Technologien in Beratungsprozessen (z. B. ISO-Standard ISO/IEC/IEEE 24748-7000: 2022-11, dessen Ziel es ist, sozial verträgliche, humane Systeme für künstliche Intelligenz zu entwickeln [72] oder der Artificial Intelligence Act (AIA) mit dem die EU-Kommission im Rahmen der EU-Digitalstrategie in einer Verordnung konkrete Vorschläge zur Regelung im Umgang mit künstlicher Intelligenz in der Forschung und Wirtschaft veröffentlicht [73]).
- enge Anbindung an weitere relevante internationale Standards zur Förderung der globalen Wettbewerbsfähigkeit der Branche und Wirtschaft (u. a. Risikomanagement, Compliance, Sicherheit, Nachhaltigkeit, ethisches Verhalten)

Gerade um die Innovation in der Branche zu fördern sowie einen regelmäßigen Austausch über aktuelle und ggf. neue Branchenstandards und ihre Zweckmäßigkeit mit den unterschiedlichen Interessensträgern national und international zu ermöglichen, wurde 2023 ein ISO Technical Commitee 342 Management Consultancy formiert (siehe auch Kap. 4.1). Die Agenda für dieses Komitee ist derzeit in Ausarbeitung.

Wichtig wird dabei sein, vor allem Themen der Innovation und Zukunftsfähigkeit der Unternehmensberatung auf breiter Basis zu diskutieren und weitere

Standards nur zu definieren, wenn sie sinnvoll und nutzbringend sind. Damit sollen auch die Grenzen aufgezeigt werden, die im Rahmen der Standardisierung beachtenswert sind. Branchenstandards sollten grundsätzlich auf einer Meta-Ebene definiert und eingesetzt werden und gleichzeitig der Unternehmensberatung Raum geben, auf der inhaltlichen Ebene und in ihrer methodischen Ausgestaltung kreativ und individuell zu agieren – und damit die Kunden-Berater-Beziehung flexibel zu gestalten.

4 ISO 20700 Leitlinien für Unternehmensberatungsdienstleistungen

4.1 Entwicklung und Relevanz

Der Grundstein zur Entwicklung einer Beratungsnorm wurde von der europäischen Beratungswirtschaft gelegt. Auslöser für die Initiative zur Erarbeitung einer Norm für Unternehmensberatungsdienstleistungen waren zunächst die stetig steigenden Qualitätsanforderungen von Kunden und Interessensträgern, aber auch die Standardisierung zu transparenten, ergebnisorientierten Beschaffungsprozessen auf Kundenseite unter Berücksichtigung relevanter Standards, Regeln und Praktiken sowie die Professionalisierung der Beratungsbranche mit Kompetenzmodellen und Qualifizierungsmaßnahmen. Daher forderte die Europäische Union in der Direktive 2006/123/EC die Etablierung von Dienstleistungsstandards (services standards) für die verschiedenen Dienstleistungsbranchen [74] – vor allem für die Unternehmensberatungsdienstleistungen. Denn die Unternehmensberatung wurde aufgrund ihres Einflusses auf die wirtschaftliche Entwicklung Europas als ein wichtiger Servicesektor eingestuft.

Dienstleistungsstandards – sogenannte „service standards“ [75, 47, 48] – können als eine neuere Art von internationalen Standardkonzepten angesehen werden. Entwickelt werden sie, um in den stark wachsenden Dienstleistungssektoren einen einheitlichen Mindeststandard an Qualität bei der Bereitstellung der Dienstleistungen zu gewährleisten und die Rechte und Pflichten sowohl der Anbieter als auch der Kunden bzw. Abnehmer der Dienstleistungen zu klären. Es gilt, die Qualität des gesamten Dienstleistungsprozesses – von der Beauftragung über die Lieferung/Erbringung bis zur Evaluierung – zu optimieren und so weit zu standardisieren, um die Qualität der Dienstleistungen aus der Sicht und zum Nutzen der Kunden und Empfänger darzulegen.

Dienstleistungsstandards zielen darauf ab, das Verständnis der Kunden für die angebotenen Leistungen zu verbessern, um fundierte Geschäftsentscheidungen und klare vertragliche Vereinbarungen zu treffen, eine effektive und effiziente Projektführung zu gewährleisten und damit den Mehrwert der Leistungen zu steigern und unnötige Risikominderungsgründe zu vermeiden. Sie können daher auch als Mittel zum Risikomanagement betrachtet werden.

Dienstleistungsstandards umfassen die Festlegung von Qualitätsanforderungen, die Qualitätssicherung der Dienstleistungsprozesse sowie bewährter Arbeitspraktiken und der Leistungsmessung mit Messmethoden und wichtigen Leistungsindikatoren. Die Grundsätze und Richtlinien können dazu beitragen, das Management der Prozesse zu verbessern und so die Qualität zu steigern und das Vertrauen der Kunden zu gewinnen. Dabei soll der Kunde angehalten werden, den Anbieter genau über die Anforderungen und das gewünschte Ergebnis zu informieren. Denn eine klare Spezifikation kann erhebliche Kosten- und Effizienzgewinne bringen.

Grundsätzlich sind Standards für Dienstleistungen freiwillig, marktorientiert und konsensbasiert, wobei die Bedürfnisse der Branche und der direkt oder indirekt von diesen Standards betroffenen Interessensträger berücksichtigt werden. Die Vorteile der Anwendung von Servicestandards liegen darin, die Beurteilung und Auswahl der Dienstleister zu erleichtern und Best Practices in Bezug auf die Spezifikation, Beschaffung, Bereitstellung und Bewertung der Dienstleistungen zu schaffen.

Darüber hinaus ermöglichen die definierten Prozess-, Qualitäts- und Leistungsindikatoren die Vergleichbarkeit der Leistungen innerhalb einer bestimmten Branche und fördern den Wissensaustausch und die Innovation im Dienstleistungssektor.

Die fast 10-jährige Entwicklung des Dienstleistungsstandards für Unternehmensberatung – von der europäischen Norm EN ISO 16114 zur internationalen Beratungsnorm ISO 20700 – lässt sich folgendermaßen darstellen [49]:

- Unternehmensberatung war eine der ersten Branchen weltweit, die 2011 mit der europäischen Norm CEN EN 16114 einen Dienstleistungsstandard für die Kundenberatung entwickelt hat. 2017 wurde auf Basis dieser europäischen Norm der internationale Standard ISO 20700 Leitlinien für Unternehmensberatungsdienstleistungen veröffentlicht. Die Leitlinien basieren inhaltlich auf der Grundlage der europäischen Norm CEN EN 16114 und wurden in der Folge um wesentliche Prinzipien und Werthaltungen im Beratungsprozess erweitert sowie aktualisiert.
- 2018 wurde ISO 20700 nach Entscheidung des Projektkomitees CEN/TC 381, vollinhaltlich übereinstimmend, als europäischer Standard CEN EN ISO 20700 übernommen, wodurch die CEN EN 16114 ersetzt wurde. Seit 2019 ist CEN EN 20700 auch in deutscher Sprache erhältlich.

- 2022 wurde die ISO 20700:2017-06 im Rahmen des regulären ISO Review-Prozesses als unverändert übernommen und gilt somit weitere fünf Jahre.
- Als Weiterentwicklung in der Beratungsbranche kann der Projektantrag gesehen werden, ein ISO Technical Committee (TC) Management Consultancy zu gründen. Diesem Antrag wurde Anfang 2023 vom ISO Technical Management Board stattgegeben, sodass die Etablierung eines ISO/TC 342 Management Consultancy erfolgen konnte. Die personelle und inhaltliche Ausgestaltung dieses Komitees ist in Planung.

Ziel der ISO 20700 ist es, nicht nur die Qualität der Unternehmensberatungsleistungen aus Sicht der Anbieter sicherzustellen, sondern auch, Kundenorganisationen dabei zu unterstützen,

- ein Verständnis über die Leistungen von Unternehmensberatungen zu bekommen,
- ihre Bedürfnisse zu identifizieren und spezifizieren,
- relevante Informationen einzufordern, um effektive Entscheidungen im Rahmen der Auswahl von Beratungsangeboten sowie des Managements des Beratungsprojektes treffen zu können.

Damit sollen Kunden und Interessenspartnern Anhaltspunkte geboten werden, um die Beraterauswahl und -beurteilung sowie den gesamten Beratungsprozess effektiv und effizient zu gestalten.

Wie relevant ist die Norm der Unternehmensberatung für Kunden und Berater?

Zu den Erfolgspotenzialen von Dienstleistungsstandards liegen einige Studien vor [76, 77]. Diese Potenziale wurden in Kap. 3.2 für die Unternehmensberatungsdienstleistungen diskutiert. Eine Studie zur Thematik stammt auch vom BDU Bundesverband Deutscher Unternehmensberatungen. So prognostiziert die Studie „Facts & Figures zum Beratermarkt" [69], dass Qualitätsnachweise seitens des Beratungsunternehmens z. B. über Zertifizierungen zukünftig einen großen Einfluss auf die Auswahlentscheidung des Kunden haben.

Auch die bereits 2012 durchgeführte Studie der Fachgruppe Unternehmensberatung, Buchhaltung und IT der Wirtschaftskammer Österreich bei mehr als 13.000 Beratungsunternehmen, 400 Kunden sowie 400 Nicht-Kunden belegt, dass bei der Hälfte der befragten Kunden der Bezug zu internationalen und nationalen Standards einen höheren Seriositätsgrad und ein größeres Vertrauen in die Qualität der Beratungsleistungen vermittelt [78].

Im Rahmen der Online-Befragung wurden die Bedeutung und Kenntnis sowie der Grad der Anwendung und Akzeptanz der zu dieser Zeit geltenden Beratungsnorm CEN EN 16114 (Vorläufer der ISO 20700) bei Beratungsunternehmen und Kunden bzw. Nicht-Kunden eruiert. Dabei wurde auch gefragt, ob eine Zertifizierung bzw. ein formeller Qualitätsnachweis zu einer tendenziell positiven Einstellung der Kunden gegenüber Unternehmensberatern führen kann. Folgende Ergebnisse haben sich herauskristallisiert.

Sicht der Kunden:

- Gut ein Drittel der Unternehmen, die bereits Beratungsleistungen in Anspruch genommen haben, sahen eine wichtige Bedeutung in der Norm. Einige Branchen, wie der Tourismus mit 61 % und Transport & Verkehr mit 50 %, haben der Beratungsnorm sogar eine durchgehend wichtige Bedeutung attestiert.
- Ob eine internationale oder nationale Zertifizierung als Gütesiegel und Kompetenzausweis angesehen würde, bejahten 50 % mit einer hohen und mittleren Bedeutung. Ebenso befürworteten fast 50 %, dass das Befolgen internationaler und nationaler Standards beim Kunden ein größeres Vertrauen und einen höheren Seriositätsgrad vermittelt. Dabei zeigte sich, dass mit steigender Unternehmensgröße die Bedeutung der Zertifizierungen für die Kunden zunimmt und diese mehr Vertrauen in die Beratungsleistungen bringen.

Sicht der Berater:

- Die Frage nach der grundsätzlichen Bedeutung der Beratungsnorm für die eigene Beratungstätigkeit wurde nur von 19 % als wichtig bewertet.
- Bei der Frage, ob eine internationale oder nationale Zertifizierung als Gütesiegel respektive Kompetenzausweis angesehen würde, erhöhte sich die Bewertung: Immerhin 34 % sahen eine hohe und mittlere Bedeutung.

Aus dieser Studie wird deutlich, dass die Nachfrage nach Qualität und Qualitätsnachweisen in einem weit höheren Ausmaß auf Kundenseite gegeben ist und auch erwarten lässt, dass nachvollziehbare Qualitätsanforderungen und -leistungen immer mehr angefragt werden. Es ist der Markt, der auch in der Beratungsbranche die Einhaltung und Akzeptanz von Normen nach und nach vorantreibt. Das Befolgen von Beratungsstandards, u. a. mit entsprechenden Qualitätszertifikaten, stellt ein gewichtiges Marketinginstrument für Berater dar und entwickelt sich immer mehr zu einem Auswahlkriterium für Beauftragungen.

Darüber hinaus erbringen auch andere Dienstleister Beratungsleistungen, wie z. B. Steuerberatung, Rechtsanwalt, Wirtschaftsprüfung, Finanzberatung, Immobilienberatung ebenso wie Lebens- und Sozialberatung. Sie haben einen anderen rechtlichen Rahmen und Zugangsvoraussetzungen – und damit auch andere Berufsstandards. Die Beratungsbranche hat mit der ISO 20700 einen Berufsstandard entwickelt, der eine klare Abgrenzung zu angrenzenden beratenden Berufen ermöglicht – und damit die Positionierung der Unternehmensberatung.

4.2 Struktur und Inhalte

Die internationale Beratungsnorm ISO 20700 basiert auf einem Phasenmodell. Die „Leitlinien für die effektive Erbringung von Unternehmensberatungsdienstleistungen" (ISO 20700 Abschn. 1) beschreiben in den Abschnitten 5, 6 und 7 Empfehlungen zur Spezifikation, Durchführung, Akzeptanz der Ergebnisse und zum Abschluss von Unternehmensberatungsdienstleistungen, wobei der Fokus auf den **abzuliefernden Leistungen** und **Ergebnissen** der Unternehmensberatung liegt – auf Basis entsprechender **ethischer Grundsätze der Projektführung** im Abschnitt 4 der Norm.

Die Vor-Phasen im Beratungsprozess, wie Marketing und Akquisition der Unternehmensberatungen, sind lediglich als informativer Teil in den Anhängen C und H der ISO 20700 angeführt.

Abbildung 3 stellt den Beratungsprozess gemäß ISO 20700 in seiner gesamten Dimension dar.

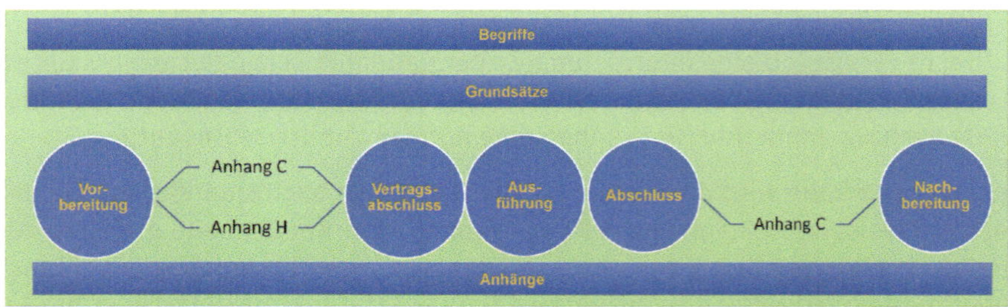

Abbildung 3: Beratungsprozess der ISO 20700 inklusive Vorbereitung und Nachbereitung

Berücksichtigt wurden bewährte Praktiken der Unternehmensberatungsbranche ebenso wie Forschung und Erfahrungen einer großen Zahl von Unternehmensberatungen und deren Kunden.

Ziel der Norm ist es:

- **Transparenz** und **gegenseitiges Verständnis** zwischen Unternehmensberatungsanbietern und deren Auftraggebern durch klare Definitionen der Qualitätskriterien, Verantwortlichkeiten und Ergebnissen erhöhen
- **Risiken** im Rahmen von Unternehmensberatungsprojekten für beide Seiten **minimieren**
- einen Rahmen schaffen, in dem **Ergebnisorientierung**, **Qualität** und **Innovation** von Unternehmensberatungsleistungen im Vordergrund stehen
- den **Kunden** einen **höheren Nutzen** bieten
- Des Weiteren wird der Norm auch ein großes **Potenzial für die Branche** zugeschrieben: „Durch die Verbesserung der Qualität, der Professionalität, des ethischen Verhaltens und der Interoperabilität der Unternehmensberatung soll dieses Dokument die Effektivität der Beratungsbranche verbessern und die Entwicklung des Berufsstandes beschleunigen."
- Dadurch wird auch die **Wertschöpfung in der Wirtschaft** gesteigert und die Beratungsbranche weiterentwickelt. Denn: „Die Unternehmensberatungsbranche leistet einen wesentlichen Beitrag zur Weltwirtschaft."

Zusammenfassend kann die Norm ISO 20700 folgendermaßen charakterisiert werden:

- ist als Leitfaden geschrieben und leicht verständlich
- für alle Unternehmensberatungen anwendbar
- bezieht sich auf Unternehmensberatungsorganisationen, nicht ihre internen Ressourcen (z. B. Mitarbeiter)
- basiert auf Ergebnissen
- schützt Innovation und Differenzierung
- betont die Bedeutung, die Bedürfnisse der Kunden zu verstehen

In den Tabellen 1 und 2 sind Auszüge zu wesentlichen Aussagen in den einzelnen Abschnitten der Norm angeführt. Die Originaltexte der ISO 20700 sind in zitierter Form angeführt.

Tabelle 1: ISO 20700 Anwendungsbereich, Normative Verweisungen und Begriffe

1 Anwendungsbereich	„Dieses Dokument beinhaltet Leitlinien für die effektive Erbringung von Unternehmensberatungsdienstleistungen."
2 Normative Verweisungen	„Es gibt keine normativen Verweisungen in diesem Dokument."
3 Begriffe[16]	„Für die Anwendung des Dokuments gelten die folgenden Begriffe." **Vertrag, Auftrag, Leistungsvermögen, Klient, Abschluss, Kommunikation, Vertragsabschluss, abzuliefernde Leistungen, Ausführung, geistiges Eigentum, Unternehmensberatungsdienstleistung, Unternehmensberatung, Organisation, Organisationsführung, Ergebnis, Politik, Prozess, Projekt, Projektführung, Projektmanagement, Empfänger, Anforderung, Ressourcen, Risiko, Interessensträger**
	Ausgewählte wesentliche Definitionen sind:[17] **3.11** **Unternehmensberatungsdienstleistungen MCS** (en: management consultancy service) Zusammenstellung multidisziplinärer Tätigkeiten der geistigen Arbeit im Bereich des Managements, die darauf ausgerichtet ist, durch Beratung und Lösungsvorschläge, durch Berücksichtigung von Maßnahmen oder durch abzuliefernde Leistungen Werte zu schaffen oder Veränderungen zu fördern

16 Die Begriffsdefinitionen zu den angeführten Begriffen sind hier nicht angeführt.

17 Die folgenden Begriffe sind gemäß ISO 20700 Abschn. 3 angeführt. Nummerische Referenzen zu anderen Begriffsdefinitionen sind in dieser Tabelle nicht angeführt.

	3.12 **Unternehmensberatung MCSP** (en: management consultancy service provider) Organisation, die Unternehmensberatungsdienstleistungen anbietet und erbringt **3.4** **Klient** Organisation, die den von der Unternehmensberatung bereitgestellten Unternehmensberatungsdienstleistungen zustimmt **3.21** **Empfänger** Organisation, die die Unternehmensberatungsdienstleistung erhält, die mit dem Klienten vereinbart wurde Oft ist der Empfänger der Klient. **3.19** **Projektführung** System, mit dem eine Organisation Entscheidungen in Bezug auf Projekte trifft und umsetzt

Die **Grundsätze** beinhalten zwei Abschnitte:

- Allgemeine Grundsätze für die Unternehmensberatung (ISO 20700 Abschn. 4.1, 4.2, 4.3)
- Grundsätze, die insbesondere in der konkreten Vertragssituation berücksichtigt werden sollen (ISO 20700 Abschn. 4.4)

Sie werden in Tabelle 2 überblicksmäßig angeführt und auszugsweise im Original zitiert.

Tabelle 2: ISO 20700 Grundsätze

4 Grundsätze	**4.1.3 Verantwortlichkeiten** Die Unternehmensberatung ist für ihre Ressourcen und ihre Tätigkeit verantwortlich, jedoch liegt die Verantwortung für Entscheidungen, Ergebnisse, abzuliefernde Leistungen und Auswirkungen auf die Interessensträger beim Klienten. **4.2 Andere Standards** Um Unternehmensberatungsleistungen effektiv erbringen zu können, sollte die Unternehmensberatung die Leitfäden anderer nationaler und internationaler Normen und Standards berücksichtigen, die für die an der Auftragsvergabe beteiligten Akteure relevant sind. **4.3 Fortlaufende Evaluierung und Verbesserung** Der Zweck der Evaluierung besteht darin, dass die Unternehmensberatung die Wirksamkeit des Auftrages bewertet und feststellt. Die Unternehmensberatung und der Klient sollten sich auf eine passende Methode für laufende Evaluierung und Feedback während des Auftrages einigen. **4.4.1 Regulatorische Rahmenbedingungen** Die Unternehmensberatung sollte einen angemessenen Überblick über die gültigen Gesetze, Richtlinien, Regeln, Vorschriften und Standards haben, die ihre Dienstleistungen und die des Klienten bestimmen. **4.4.2 Einbeziehung und Verpflichtung der Interessensträger** Die Unternehmensberatung sollte mit dem Klienten in Dialog treten, um die relevanten Interessensträger zu identifizieren und ihre Einbeziehung zu vereinbaren. **4.4.3 Verhaltenskodex und Berufsgrundsätze** Ein Verhaltenskodex sollte beachtet werden, um das ethische und professionelle Verhalten der Unternehmensberatung während des Auftrages zu leiten.

4.4.4 Projektführung

Die Projektführung sollte gemeinschaftlich von der Unternehmensberatung, dem Klienten und dem Empfänger vorgenommen werden.

4.4.5 Leistungsvermögen

Die Unternehmensberatung ist für die Entwicklung und Aufrechterhaltung eines angemessenen Leistungsvermögens während des Auftrages verantwortlich.

Die Unternehmensberatung sollte nur Aufträge suchen und annehmen, welche sie auch erfüllen kann.

4.4.6 Kommunikation

Eine effektive Strategie und Leitlinie sollte für die Kommunikation mit den relevanten Interessensträgern für die Dauer des Auftrages bestehen.

4.4.7 Datenschutz und Vertraulichkeit

Die Unternehmensberatung ist für die Vertraulichkeit der Daten und Informationen, die sie von Klienten erhält, verantwortlich.

4.4.8 Schutz geistigen Eigentums

Die Unternehmensberatung besitzt die geistigen Eigentumsrechte für ihr Know-how, die Methoden, Datenbanken, Benchmarks, Geschäftsmodelle, Arbeitsmittel und andere relevante Konzepte und Techniken.

4.4.9 Gesellschaftliche Verantwortung

Die Unternehmensberatung sollte sich bemühen, sozial verantwortliche Ergebnisse zu erreichen, die die Interessen der Interessensträger berücksichtigen.

4.4.10 Gesundheit und Sicherheit

Die Unternehmensberatung sollte mit dem Klienten im Dialog stehen, um die auftragsbezogenen Risiken für Gesundheit und Sicherheit der Berater und anderer relevanter Interessensträger kontinuierlich zu beurteilen und zu minimieren.

4.4.11 Risiko- und Qualitätsmanagement

Die Unternehmensberatung sollte kontinuierlich Risiken und Qualitätsprobleme bezüglich des Auftrages antizipieren, bewerten, priorisieren und managen. Die wirtschaftlichen und projektbezogenen Risiken sollten berücksichtigt werden.

4.4.12 Garantien

Alle Arten von Garantien sollten mit der Unternehmensberatung verhandelt und vereinbart werden.

Die folgende Tabelle 3 zeigt die drei Kernphasen Vertragsabschluss (ISO 20700 Abschn. 5), Ausführung (ISO 20700 Abschn. 6) und Abschluss (ISO 20700 Abschn. 7). Sie bilden die Basisstruktur von Unternehmensberatungstätigkeiten.

Je Phase werden in der Norm folgende Aspekte beschrieben: Allgemeines, Zweck, Einfluss, Ergebnis und Inhalt mit den spezifischen Anforderungen, ergänzt mit relevanten Anhängen.

Tabelle 3: Wesentliche Inhalte der Phasen Vertragsabschluss, Ausführung, Abschluss

	5. Vertragsabschluss	6. Ausführung	7. Abschluss
Der **Zweck** besteht darin,	einen Vertrag zwischen der Unternehmensberatung und dem Klienten über die zu erbringende Dienstleistung zu schließen. Es sollen nur Verträge abgeschlossen werden, die die Interessen des Klienten und der Unternehmensberatung wahren.	das zu liefern, was in der Vertragsabschlussphase vereinbart wurde.	nach Lieferung der Dienstleistung in Übereinstimmung mit dem Vertrag einen ordnungsgemäßen Auftragsabschluss zu erreichen.
Ergebnis	ein bindender Vertrag zwischen der Unternehmensberatung und dem Klienten. Der Vertrag bestimmt den Lieferumfang und legt die Rechte und Pflichten der Parteien fest.	– abzuliefernde Leistungen – fortlaufende Evaluierung und Verbesserung – Empfehlungen und Herangehensweise für die Zukunft	– Entlastung aller Parteien aus ihren Verpflichtungen aus dem Vertrag – gemeinsames Verständnis der weiterlaufenden Verpflichtungen zwischen der Unternehmensberatung, dem Klienten und den Interessensträgern

	5. Vertragsabschluss	6. Ausführung	7. Abschluss
			– Bezahlung der vereinbarten Honorare
Inhalte	Der Vertrag sollte Folgendes enthalten: – Hintergrundinformationen, Annahmen – Einschränkungen und Risiken – Interessensträger – abzuliefernde Leistungen – Herangehensweise und Arbeitsplan – Rollen und Verantwortlichkeiten – Auftragsüberwachung und -steuerung – Evaluierung des Auftrages – Akzeptanzkriterien – Geschäftsbedingungen – In den Vertrag aufzunehmende Grundsätze	Diese Phase sollte Folgendes beinhalten: – Verfeinerung des vereinbarten Arbeitsplanes: Dabei sollte der Klient einbezogen und seine Zustimmung eingeholt werden. – Umsetzung des Arbeitsplanes – Auftragssteuerung und -überwachung – Ressourcensteuerung – Fortschrittsüberwachung und Änderungskontrolle – Risiko- und Qualitätsmanagement – Kommunikation und Berichtswesen – Bewertung und Feedback – Genehmigung und Akzeptanz	Wirksame Prozesse sollen die Erledigung in Übereinstimmung mit dem Vertrag sicherstellen: – gesetzliche und vertragliche Angelegenheiten, insbesondere Vertraulichkeit, geistiges Eigentum, Datenschutz, Haftungen und Garantien, Wettbewerbsverbot, Zahlungsverpflichtungen – Freigabe der Ressourcen (einschließlich Subunternehmer) – abschließende Bewertung, selbst wenn die Evaluierung vertraglich nicht vereinbart wurde – typische Messwerte sind u. a.: Innovation, Prozesseffektivität, Leistung der Ressourcen, Zufriedenheit der Klienten – Prozessverbesserung in der Unternehmensberatung, z. B. durch Wissensmanagement, Ausbildung, technologische und methodische Verbesserungen – administrative Angelegenheiten, wie Archivierung, Datensicherung, Rückgabe von Eigentum, Ausrüstung und Unterlagen, Protokolle – Kommunikation des Abschlusses und nach Vertragsabschluss, z. B. Fallstudien, Referenzen – offene Punkte von untergeordneter Bedeutung

	5. Vertragsabschluss	6. Ausführung	7. Abschluss
Relevante **Anhänge**	**B** Beispiele für typische Interessensträger **D** Beispiele für Leitlinien zum Verhaltenskodex für Unternehmensberatungen **E** Beispiele für Leitlinien zum Umgang mit Interessenskonflikten **F** Beispiele für Kriterien zur Bewertung von Fähigkeiten **G** Beispiele von Leitlinien für typisches Risikomanagement für Unternehmensberatungen	**B** Beispiele für typische Interessensträger **F** Beispiele für Kriterien zur Bewertung von Fähigkeiten **G** Beispiele von Leitlinien für typisches Risikomanagement für Unternehmensberatungen	**B** Beispiele für typische Interessensträger **F** Beispiele für Kriterien zur Bewertung von Fähigkeiten

Zusammenfassende Charakteristika der ISO 20700 sind:

- ISO 20700 wurde für **alle Anbieter von Unternehmensberatungsdienstleistungen** geschrieben, unabhängig von der Größe oder deren Dienstleistungen und Eigentümerverhältnissen (öffentlich/privat, firmeninterne Beratungen etc.).
- **Zielgruppe** dieser Beratungsnorm sind die Unternehmensberater, aber auch deren Kunden und die Interessensträger der Unternehmensberatungsbranche, wie die Wissenschaft, Verbände, öffentliche Institutionen, Normungsinstitute, Medien etc., die ISO 20700 kennen und nachfragen sollten – und damit zur Verbreitung und Wirksamkeit dieses Standards für die Profession beitragen.
- Alle Bestimmungen der ISO 20700 wurden als **„Empfehlung zur Gestaltung der Beratungsprojekte“** beschrieben und nicht als „Verpflichtung“. Im englischen Originaltext wurde daher für die Anforderungen ausschließlich das Wort „should“ (in der deutschen Fassung: „sollte“) und nicht „shall“ oder „must“ verwendet.
- ISO 20700 versteht sich als Regelwerk, das die Kreativität von Unternehmensberatung fördert. Insofern obliegt die **Auswahl von Methoden**, Vorgehensmodellen und Praktiken im Beratungsprozess einzig der Unternehmensberatung.
- Regelung der Verantwortung der **Unternehmensberatung** und **Rolle des Kunden**:

- In den Abschnitten 4 Grundsätze und in den Phasen-Abschnitten 5, 6 und 7 ist klar definiert, wofür die Unternehmensberatung im Beratungsprojekt grundsätzlich – sofern nicht anders vertraglich geregelt – verantwortlich ist. Dennoch ist ausdrücklich erwähnt, dass bei einem typischen Auftrag die Unternehmensberatung und der Kunde – gemeinsam – die Aktivitäten durchführen. Dabei sollten ein ständiger Dialog und effektive Kommunikation sicherstellen, dass ein gemeinsames Verständnis hergestellt ist und jegliche Interessensunterschiede angesprochen und behandelt werden.
- Dennoch: ISO 20700 bezieht sich nicht auf die Kunden. Es wird jedoch darauf hingewiesen, dass zur erfolgreichen Abwicklung von Unternehmensberatung auch die **Kunden beitragen**, insbesondere durch Bereitstellung von relevanten und bedeutenden Informationen sowie von Personal, finale Entscheidungen über den Auftrag und die Zustimmung zu den abgelieferten Leistungen und deren Ergebnisse (siehe Tabelle 4).

Tabelle 4: Mitwirkung von Kunden gemäß ISO 20700

Vorbereitung	5. Vertragsabschluss	6. Ausführung	7. Abschluss
Auswahl der Unternehmensberatung Der Klient bekommt ein Gefühl und ein Wissen über die Fähigkeiten der Unternehmensberatung in Bezug auf die Probleme des Klienten und wählt die Unternehmensberatung zur Durchführung des Auftrages unter Berücksichtigung vieler Faktoren aus; zu diesen gehören in der Regel die eingereichten Angebote, Zwischenergebnisse aus Aktivitäten und Referenzen von anderen Klienten. (ISO 20700, Anhang C)	Diese Tätigkeit beginnt, sobald sich der Klient und die Unternehmensberatung auf ein gemeinsames Verständnis geeinigt haben. (ISO 20700, 4.1.2)	Zustimmung zum überarbeiteten Arbeitsplan (ISO 20700, 6.5.2)	Es ist entscheidend, dass der Klient die Fertigstellung des Auftrags akzeptiert. (ISO 20700, 4.1.2)
	Es muss sichergestellt sein, dass der Klient versteht, dass alle relevanten und bedeutenden Informationen mitgeteilt werden müssen. (ISO 20700, 5.5.2.1)	Finale Entscheidungen bezüglich des Auftrages sollten vom Klienten getroffen werden. (ISO 20700, 6.5.4.2)	
	Vertragliche Regelung zum Arbeitsplan: Personal des Klienten, Empfängers und anderer Interessenträger und deren Rollen und Verantwortlichkeiten (ISO 20700, 5.5.4)		

Die Norm sieht derzeit **weder externe Audits noch Zertifizierungen** vor.

4.3 Anwendung für Beratungskunden und Berater

Bemühungen zur Anwendung der ISO 20700 zielen darauf ab, das Bewusstsein und das Verständnis bei der Unternehmensberatung, den Kunden und Interessensträgern zu stärken. Dabei geht es insbesondere darum [79],

- Kenntnis über den Beratungsstandard zu erlangen,
- den Beratungsstandard zu verstehen,
- ihn sinnvoll anzuwenden sowie
- einen einfachen und kostengünstigen Zugang zum Standard, in Landessprache, sicherzustellen.

Grundsätzlich können Normen nur über die Normungsinstitute bezogen werden. Allerdings wird häufig der Preis für den Bezug von Standards als zu hoch empfunden und stellt deshalb eine Barriere für die Anschaffung dar. Berufsverbände können jedoch einen Beitrag leisten, um Sonderkonditionen für deren Mitglieder oder einen zeitlich beschränkten freien Zugang zum Bezug oder Download zu ermöglichen.

Darüber hinaus zeigt sich auch, dass übersetzte Versionen zu einem Umsatzanstieg führen. Eine Norm in Landessprache fördert demnach das Interesse und die Anwendung auf nationaler Ebene [80]. Die Beratungsnorm ISO 20700 ist seit 2019 auch in deutscher Sprache erhältlich.

Auch wenn keine Zertifizierung für die Beratungsnorm ISO 20700 besteht und auch derzeit grundsätzlich nicht vorgesehen ist, stehen Unternehmensberatungen und Kunden verschiedene Möglichkeiten eines Qualitätsnachweises zur Verfügung.

Für Berater:

- Die Referenz zur ISO 20700 im Sinne einer Selbstdeklaration: In Angeboten und Geschäftsdokumenten der Unternehmensberatung kann ein Hinweis auf die Orientierung der Beratungsleistungen an der ISO 20700 als Zeichen für Professionalität in der Beratung gesehen werden. Der Hinweis ist für den deutschsprachigen Raum folgendermaßen empfohlen:

> Die Unternehmensberatung (Firmenname) bietet Unternehmensberatungsdienstleistungen an, die sich an der DIN EN ISO 20700:2019-01 orientieren.
>
> – Die Bezeichnung „erfüllt die Anforderungen“ sollte nicht verwendet werden.

- Darüber hinaus bietet der internationale Beraterverband ICMCI über die nationalen Beratungsverbände **Trainings** für Unternehmensberatungen zu den Inhalten und Anwendungsbereichen der ISO 20700 an. Danach kann das Prädikat: „Trained in the ISO 20700:2017 Guidelines for Management Consultancy Services by ICMCI" in Verbindung mit dem ISO 20700-Siegel in einer Signatur und in Geschäftsdokumenten angeführt werden. Darüber hinaus besteht die Möglichkeit einer namentlichen Listung in der „List of Trained Consultants" auf www.iso20700.org. Das Training berechtigt des Weiteren zum Bezug und zur Anwendung der ICMCI ISO 20700 Selbsterklärungs-Checkliste.

Für Berater und Kunden:

- Der internationale Beraterverband ICMCI hat eine **Checkliste zur Selbsterklärung** für Unternehmensberatungen entwickelt, die auf freiwilliger Basis im Beratungsprojekt verwendet werden kann. Es handelt sich dabei um eine überblicksmäßige Auflistung der Grundsätze und aller Phasen vom Vertragsabschluss bis zum Projektabschluss gemäß ISO 20700.

  Die ISO 20700 Selbsterklärungs-Checkliste sollte von der Unternehmensberatung ausgefüllt und mit dem Kunden abgestimmt werden. Dabei werden Umfang und Detailinhalte für jedes Projekt individuell zwischen Auftraggeber und Berater vereinbart. Am Ende des Projektes können Berater und Kunde diese Checkliste als Zeichen für die Fertigstellung und Akzeptanz der Projektergebnisse sowie als Projektdokumentation heranziehen.

- Der **Praxisleitfaden** (siehe Kap. 6) und die **Anwendungs-Checklisten** (siehe Kap. 7) führen durch den Beratungsprozess und geben Kunden und Beratern praktische Hinweise für die Projektabwicklung und ihre Grundsätze. Der Praxisleitfaden dient zur Information und Erklärung. Die Anwendungs-Checklisten gelten für Beratungskunden und Berater. Sie geben überblicksmäßig eine Anleitung, welche Aktivitäten in den Phasen Vorbereitung, Vertragsabschluss, Ausführung, Abschluss und Nachbereitung entweder durch die Unternehmensberatung, den Kunden oder sowohl von der Unternehmensberatung als auch vom Kunden zu beachten sind. Die Checklisten können daher grundsätzlich von Beratern und Kunden angewendet und ausgefüllt werden, idealerweise jedoch gemeinsam im Sinne der Kunden-Berater-Beziehung.

  Der Praxisleitfaden (siehe Kap. 6) und die Anwendungs-Checklisten für Beratungskunden und Berater sind in den Kapiteln 6 und 7 im Detail angeführt und anwendbar.

- Auch wenn die Beratungsnorm ISO 20700 ein freiwilliger Standard ist und damit Empfehlungscharakter hat, kann die Norm auch in **Sonderfällen**, insbesondere bei außergerichtlichen und gerichtlichen Streitigkeiten oder zur Beurteilung einer Sachlage in unklaren Situationen, individuell herangezogen werden.

Für Kunden:

- Die Grundlagen der ISO 20700, der Nutzen und ihre Anwendungsbereiche sollten nicht nur in den akademischen Curricula und Ausbildungen für Unternehmensberater bekannt gemacht werden, sondern generell in der **Aus- und Weiterbildung** z. B. im Bereich Management enthalten sein, sodass im Markt eine breite Kenntnis der Mindestanforderungen in der Unternehmensberatung geschaffen werden kann.
- Darüber hinaus können Kunden die Qualität von **Beratungspreisen** bewerten, wobei ein Kriterium zur Beantragung, Nominierung und Auszeichnung auch die Erfüllung von Branchenstandards sein kann.

Für die Branche:

Um eine weitere Verbreitung der ISO 20700 in Beratungsprojekten sicherzustellen, ist auch in der Zukunft eine intensive Zusammenarbeit der Berufsverbände mit Kundenorganisationen und den Interessensträgern der Beratungsbranche sinnvoll. Einige Beispiele sind:

- Konferenzen mit Branchenvertretern, Kundenorganisationen, Interessensträgern (u. a. Wissenschaft, Forschungseinrichtungen, Finanzierungs- und Technologiepartner, öffentliche Institutionen) und Normungsinstitutionen zu aktuellen und künftigen Themen
- Medienkampagnen mit Erfolgsstorys und Lessons Learned
- Plattformen für webbasierte Informationspakete, die branchenspezifisch oder sektorbezogen auf die Spezialisierungen in der Unternehmensberatung und relevante Standards Bezug nehmen

Die kontinuierliche Aufklärungsarbeit hinsichtlich Chancen, Risiken und Einsatzbereichen der Beratungsnorm unterstützt dabei, ISO 20700 in die Auswahl- und Abwicklungsprozesse von Unternehmensberatungsdienstleistungen vermehrt zu integrieren.

5 ISO 20700 Praxisleitfaden und Anwendungs-Checklisten für Beratungskunden und Berater – Einführung

5.1 Zielsetzung und Zielgruppen

Zunächst wurde ein **Praxisleitfaden** in Anlehnung an die Leitlinien der ISO 20700 erarbeitet (siehe Kap. 6). Er stellt die Leitlinien in Kurzfassung dar und ergänzt diese mit präzisen, einfachen Erläuterungen, was in den Phasen eines Beratungsprojektes – Vorbereitungsphase, Vertragsabschluss, Ausführung, Abschluss und Nachbereitung – zu tun und zu beachten ist.[18] Der Praxisleitfaden ermöglicht einen leichten Einstieg in die Thematik, vermittelt damit Kenntnis über die Norm und Verständnis über ihre Anwendung. In konkreten Beratungssituationen leitet er die Anwender chronologisch durch alle Phasen des Projektes.

Ergänzt wird der Praxisleitfaden durch entsprechende **Anwendungs-Checklisten** als Kurzübersicht der Aktivitäten, womit Kunden und Berater einfach überprüfen können, ob in einem konkreten Projekt auch wirklich nichts vergessen wurde (siehe Kap. 7).

> Empfehlungscharakter der ISO 20700:
>
> Die Empfehlungen der Norm ISO 20700 Leitlinien für Unternehmensberatungsdienstleistungen basieren auf bewährten Praktiken (Good Practice) der Unternehmensberatungsbranche. Ziele sind die Verbesserung der Spezifikation und Durchführung sowie ein erfolgreicher Abschluss von Unternehmensberatungsdienstleistungen, um Akzeptanz und nachhaltige Ergebnisse aus Beratungsprojekten hervorzubringen. Da die Norm eine **Empfehlung** und keine bindende Vorschrift für die Beratungsbranche darstellt, wird grundsätzlich die Formulierung „sollte“ verwendet.

Während die Norm aus der Sicht der Unternehmensberatung geschrieben wurde, richtet sich der Praxisleitfaden (mit den Anwendungs-Checklisten) insbesondere an den **Beratungskunden**, in der Norm „Klient“ genannt.[19]

---

18 Der einfachen Lesbarkeit halber wird in diesem Leitfaden, wie in der Norm auch, keine geschlechtergerechte Formulierung angewendet. Entsprechende Begriffe gelten im Sinne der Gleichbehandlung grundsätzlich für alle Geschlechter.

19 Es wird daher in den Kap. 6 und 7 anstelle des Begriffes „Kunde“ synonym der Begriff „Klient“ verwendet.

Begriff „Klient“ gemäß ISO 20700:

Die Norm unterscheidet zwischen dem **Klienten**, der den Unternehmensberatungsdienstleistungen zustimmt und dem **Empfänger**, der die Beratungsleistung erhält, die mit dem Klienten vereinbart wurde. In vielen Fällen ist der Empfänger gleichzeitig der Klient.

Bezweckt wird, dass vor allem Beratungskunden – aber auch deren Berater – ein klares Verständnis über Vorgehen, Qualität und Erfolg von Beratungsprojekten bekommen sowie deren Risiken besser einschätzen können – und dementsprechend das für beide Seiten geeignete Vorgehen vereinbaren. Interessen und Konflikte sollen dabei bewusst angesprochen und Lösungen erarbeitet werden.

Denn in der Unternehmensberatung im Sinne einer „Kunden-Berater-Beziehung“ ist es wesentlich, ein gemeinsames Verständnis seitens der Unternehmensberatung, aber auch seitens des Kunden herzustellen, was erfolgreiche Beratungsprojekte ausmacht und welche Erwartungen an Leistungen und Verantwortungen gegenseitig bestehen.

Der Praxisleitfaden soll daher ein klares Bild für eine transparente Kunden-Berater-Beziehung schaffen, das auf dem Bewusstsein aufbaut, dass sowohl Berater als auch Kunden einen wesentlichen Beitrag für erfolgreiche Beratungsprojekte leisten.

Verantwortlichkeiten gemäß ISO 20700:

Gemäß ISO 20700 Abschn. 4.1.3, „Verantwortlichkeiten“, ist die **Unternehmensberatung** für ihre Ressourcen und ihre Tätigkeit verantwortlich, jedoch liegt die Verantwortung für Entscheidungen, Ergebnisse, abzuliefernde Leistungen und Auswirkungen auf die Interessensträger beim **Klienten**.

Anmerkung: Wenn es so im Vertrag vereinbart wurde, könnte die Unternehmensberatung auch für die Ergebnisse, abzuliefernde Leistungen oder Auswirkungen auf andere Interessensträger als den Klienten und den Empfänger verantwortlich sein.

5.2 Aufbau und Struktur

Der dargestellte Praxisleitfaden und die Anwendungs-Checklisten folgen den Leitlinien der ISO 20700 basierend auf „Good Practices“ in der Beratungsbranche und den Erfahrungen aus Beratungsprojekten der Autoren, die beigefügt wurden.[20]

Aufbau Praxisleitfaden:

- Es werden durchgängig die entsprechenden Abschnittsnummerierungen der ISO 20700 referenziert.
- Je Phase werden, wie auch in der Norm, folgende Aspekte beschrieben: Ausgangspunkt, Ergebnis sowie die Inhalte mit den spezifischen Anforderungen.
- Erläuterungen zu den Empfehlungen der ISO 20700 seitens der Autoren sind in kursiver Schrift angeführt.

Da für die Beratungskunden die Beraterauswahl und alle Vorbereitungen abgeschlossen sein sollten, bevor ein Vertrag unterzeichnet wird, beginnt der Praxisleitfaden mit den Aktivitäten bereits vor der Phase Vertragsabschluss – und damit jenen Aktivitäten, die von Kunden und Beratern bereits in der Vorbereitungsphase getätigt sein sollten – und schließt die Nachbereitungsphase mit ein (Abbildung 4).

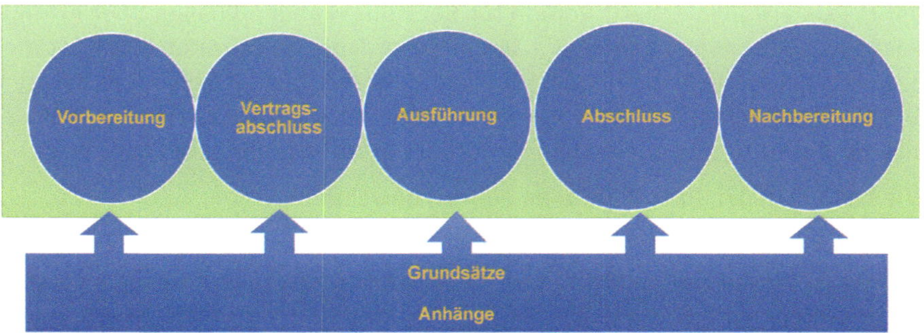

Abbildung 4: Aufbau des Praxisleitfadens im Überblick

20 Dem Grunde nach sind die Leitlinien der ISO 20700 durchgängig berücksichtigt und referenziert. Für eine tiefere Auseinandersetzung mit der Thematik sowie als Grundlage für Konformitätsbewertungen von „Dritter Seite“ (z. B. externe Audits) sollte der Normentext im Original herangezogen werden.

Der Praxisleitfaden ist gemäß ISO 20700 folgendermaßen strukturiert:

- Die typischen Aktivitäten, die in der **Vorbereitungsphase** seitens der Unternehmensberatung in Abstimmung mit dem Kunden stattfinden, sind in den informativen Anhängen C „Basisstruktur von Unternehmensberatungstätigkeiten" sowie Anhang H „Beispiele für klassisches Vorgehen in der Vorbereitungsphase" angeführt. Auf diese Aktivitäten wird als erste Phase im Praxisleitfaden Bezug genommen.
- Primär bezieht sich der Praxisleitfaden auf die **Basisstruktur von Unternehmensberatungstätigkeiten** in den drei Phasen: **Vertragsabschluss** (Abschn. 5), **Ausführung** (Abschn. 6) und **Abschluss** (Abschn. 7).
- Am Ende des Praxisleitfadens werden die Aktivitäten seitens der Unternehmensberatung in der **Nachbereitungsphase** angeführt (Anhang C).
- Darüber hinaus sind im Abschnitt 4 der Norm **Grundsätze** angeführt, die in einem Beratungsprojekt von der Unternehmensberatung beachtet werden sollten. Diese Grundsätze sind im folgenden Praxisleitfaden bei allen Phasen berücksichtigt und referenziert.
- Ebenso sind alle informativen **Anhänge** der Norm im Praxisleitfaden integriert und referenziert.

Hinweise zur Struktur der Anwendungs-Checklisten finden sich in Kap. 7.

5.3 Nutzen und Anwendung

Der Praxisleitfaden schafft gerade für Beratungskunden Wissen über erfolgreiches Beratungsmanagement – in einfacher Form aufbereitet – und ist die Basis für ein professionelles Wissensmanagement, das auf Seiten der Berater und der Beratungskunden etabliert werden sollte, um nachhaltige Ergebnisse aus der Beratung zu erzielen und für weitere Beratungsprojekte zu lernen.

Wie kann man den Praxisleitfaden einfach anwenden?

- Zunächst ist es empfehlenswert, sich mit dem **Praxisleitfaden** in die „Welt" der ISO 20700 „einzulesen" und damit ein Grundverständnis für die Empfehlungen und Leitlinien der ISO 20700 für Beratungsprojekte zu erhalten.
- Für die Anwendung des Praxisleitfadens in der praktischen Beratung, konkret in Beratungsprojekten, werden im Anschluss **Anwendungs-Checklisten** angeführt, die die **Aktivitäten** und **Verantwortlichkeiten** zusammengefasst auflisten, gegliedert in jene für die Unternehmensberatung, jene für den Kunden und solche, die sowohl von der Unternehmensberatung als auch vom Kunden zu beachten sind (siehe Kap. 7).

6 ISO 20700 Praxisleitfaden für Beratungskunden und Berater – Anwendung

Mit dem folgenden Praxisleitfaden sollen vor allem Kunden von Beratungsprojekten ein Grundverständnis für die Leitlinien der ISO 20700 erhalten. Selbstverständlich können auch Berater daraus Wissen über „Good Practices“ für ihre Beratungsarbeit mit Kunden gewinnen.

Hinweis: Die Beratungsnorm ISO 20700 enthält Empfehlungen zu den Beratungsprojektaktivitäten und Ergebnissen in der Phase des Vertragsabschlusses, der Ausführung und beim Abschluss des Beratungsauftrages. Die Vorbereitungsphase sowie die Phase der Nachbereitung – und damit des Kundenbeziehungsmanagements – sind in den Anhängen C und H der Beratungsnorm erläutert. Diese rein informativen Anhänge dienen dazu, ein Verständnis für den gesamten Beratungsprozess zu erhalten.

Daher enthält der folgende Praxisleitfaden – anstelle der drei Kernphasen – Beschreibungen zu fünf Phasen des Beratungsprozesses.

Der folgende Praxisleitfaden beschreibt 5 Phasen in Anlehnung an ISO 20700:

1. **VORBEREITUNGSPHASE**
2. **VERTRAGSABSCHLUSS**
3. **AUSFÜHRUNG**
4. **ABSCHLUSS**
5. **NACHBEREITUNG**

6.1 Vorbereitung (ISO 20700 Anhang C, Anhang H)

6.1.1 Einführung (ISO 20700 Anhang C, Anhang H, 4.4.1, 4.4.3, 4.4.5)

Ausgangspunkt: Die Entscheidung, das Beratungsprojekt durchzuführen, ist gefallen, das zu beauftragende Beratungsunternehmen jedoch noch nicht ausgewählt.

Durch die Aktivitäten der Unternehmensberatung in der Vorbereitungsphase bekommt der Klient ein Gefühl und ein Wissen über die Fähigkeiten der Unternehmensberatung in Bezug auf die Probleme des Klienten. Er wählt die Unternehmensberatung zur Durchführung des Auftrages unter Berücksichtigung vieler Faktoren aus.

Basis für diese Entscheidung sind in der Regel die eingereichten Angebote, Zwischenergebnisse aus Aktivitäten und Referenzen von anderen Klienten.

- *Genauso wichtig wie die fachlichen sind jedoch auch die persönlichen Faktoren: Werde ich, und werden meine Mitarbeiter, während des Beratungsprojektes gut mit den Beratern zusammenarbeiten können? Wenn die „Chemie" nicht stimmt, entstehen Animositäten, die den Erfolg des Projektes gefährden.*
- *Die Frage, ob die Berater besondere Fachkenntnisse in der Branche des Klienten besitzen sollen, hängt vom Beratungsprojekt ab:*
  - *Geht es zum Beispiel darum, ein Tourismusunternehmen im Markt erfolgreich zu positionieren, werden wohl Spezialkenntnisse in der Branche – und entsprechende Referenzen – unabdingbar sein.*
  - *Soll ein Tischlereibetrieb finanziell saniert werden, stehen hingegen allgemeine betriebswirtschaftliche Kenntnisse und Erfahrungen im Vordergrund. Die Holzbearbeitungskompetenz ist in der Regel im Unternehmen vorhanden, für die komplementären Kenntnisse zur wirtschaftlich erfolgreichen Unternehmensführung wird ein Berater beigezogen – dessen Branchenfremdheit sogar einen Vorteil darstellen kann, um eine „Sicht von außen" einzubringen.*
- Nur Aufträge suchen und annehmen, welche das Beratungsunternehmen auch erfüllen kann. Betreffend Leistungsvermögen der Unternehmensberatung führt Anhang F der Norm „Beispiele für Kriterien zur Bewertung von Fähigkeiten" an.
- Zu überprüfen ist im Vorfeld auch, ob irgendwelche Konflikte der Zusammenarbeit im Wege stehen oder diese sogar unmöglich machen.

  Anhang E der Norm behandelt „Beispiele von Leitlinien zum Umgang mit Interessenskonflikten". Konflikte können unter anderem aus früheren oder gegenwärtigen (hierarchischen, familiären usw.) Klienten/Beraterbeziehungen, finanziellen Interessen, gesetzlichen/behördlichen Verboten und bestehenden anderen Geschäftsbeziehungen entstehen.
- Hat das Beratungsunternehmen in der Vorbereitungsphase zudem seinen Verhaltenskodex dem Klienten vermittelt?

  Anhang D der Norm enthält „Beispiele für Leitlinien zum Verhaltenskodex für Unternehmensberatungen", auf Basis der ethischen Grundsätze Effizienz, Nachhaltigkeit, Verantwortung, Recht, öffentliches Vertrauen, Respekt für den Beruf, Integrität und Professionalität. Teile davon können dann in den Vertrag einfließen – genauso wie gegebenenfalls Auszüge aus dem Verhaltenskodex des Klienten, falls dies für das Projekt als sinnvoll erachtet wird.

> **Ergebnis:**
> Die Entscheidung, das Beratungsprojekt durchzuführen, ist gefallen, die Auswahl des Beratungsunternehmens getroffen.

6.2 Vertragsabschluss (ISO 20700 Abschn. 5)

6.2.1 Einführung (ISO 20700 Abschn. 5.1 bis 5.4, 4.1.2)

Ausgangspunkt: Das Beratungsunternehmen ist ausgewählt.

Die Verhandlung eines Vertrages beginnt mit einem gegenseitigen Verständnis der jeweiligen Parteien. Diese Phase muss gemeinsam und sorgfältig von der Unternehmensberatung und dem Klienten durchgeführt werden.

- *Die Vertragsabschlussphase ist entscheidend für den Erfolg des Beratungsprojektes, da sie das gesamte Projekt erfasst und definiert: von der Ausgangssituation bis zum erwarteten – quantifizierten – Ergebnis; die einzusetzenden Ressourcen, beiderseitigen Verantwortlichkeiten, den Arbeitsplan, die Geschäftsbedingungen sowie Einschränkungen und Risiken.*
- *Die Vertragsabschlussphase zielt daher auf mehr ab, als lediglich einen Vertrag zu entwickeln: Sie dient auch dazu, das gesamte Projekt festzulegen und zu beschreiben.*
- Gemäß der Norm, die ja – wie in ihrer Einleitung explizit erwähnt – aus der Sicht der Unternehmensberatung geschrieben wurde, sollte die Unternehmensberatung nur Verträge eingehen, die die Interessen des Klienten und der Unternehmensberatung wahren. *Doch liegt es natürlich im Interesse des Klienten, diesem Punkt bei der Vertragsgestaltung auch selbst Beachtung zu schenken – denn „ein Vertrag ist nur dann ein guter Vertrag, wenn er beiden Seiten Vorteile bringt“.*
- *Der resultierende Vertrag ist vor Beginn der Vertragsausführung vom Klienten und vom Beratungsunternehmen zu akzeptieren, üblicherweise durch Unterschrift oder schriftliche Bestätigung – und wir empfehlen, sowohl von den verantwortlichen Führungskräften als auch von den jeweiligen Projektleitern.*

Ergebnis:

Das Ergebnis der Phase des Vertragsabschlusses ist ein bindender Vertrag zwischen der Unternehmensberatung und dem Klienten. Der Vertrag bestimmt den Lieferumfang und legt die Rechte und Pflichten der Parteien fest.

6.2.2 Inhalte eines Vertrages (ISO 20700 Abschn. 5.5.1 bis 5.5.7)

Die folgenden Punkte sind typische Inhalte eines Vertrages zwischen der Unternehmensberatung und einem Klienten. Sie stellen Erfolgsfaktoren für das Projekt dar und erfordern, wie schon erwähnt, sorgfältige Überlegung und gemeinsames Verständnis.

- Konsequenterweise ist es dabei absolut unabdingbar, alle relevanten und bedeutenden Informationen vollständig offenzulegen und zwischen den Partnern – Klient und Unternehmensberatung – zu teilen. Am Beginn und selbstverständlich auch während des gesamten Projektablaufs.
- ISO 20700 sagt explizit, wenn es jedoch für beide Parteien offensichtlich ist, dass einige dieser Punkte ungeeignet sind, sollten sie gestrichen werden.

  Überlegen Sie hier jedoch besser zweimal: Der eine oder andere Punkt mag auf den ersten Blick unnötig erscheinen, sich im weiteren Projektverlauf jedoch als fehlend herausstellen. Er kann dann oft nur schwierig, wenn überhaupt, nachträglich eingefügt werden. In jedem Fall ist die Entscheidung, einen Punkt auszulassen, einvernehmlich zwischen Klienten und Unternehmensberatung zu treffen und mit Begründung zu dokumentieren.

6.2.2.1 Sachlicher Zusammenhang (ISO 20700 Abschn. 5.5.2)

6.2.2.1.1 Hintergrundinformationen, Annahmen, Anwendungsbereich und Grenzen (ISO 20700 Abschn. 5.5.2.1)

Es gilt, dass der Klient die aktuelle Situation klar definiert, sodass sie vom Beratungsunternehmen vollständig verstanden wird.

Stellen Sie sicher, dass

- eine genaue und umfassende schriftliche Beschreibung vorliegt,
- alle Gründe, das Projekt zu starten, definiert und klargelegt sind (d. h., warum die Arbeit gemacht werden muss),
- alle für das Projekt relevanten und bedeutenden Informationen mitgeteilt und vollständig offengelegt werden,

- alle Projektziele – das erwartete, quantifizierte Ergebnis und die erwartete Situation – nach dem Projekt definiert und vereinbart sind,
- die Annahmen, deren Einfluss und Auswirkungen definiert, überlegt und dokumentiert sind,
- Anwendungsbereich, Projektumfang und Grenzen definiert und dokumentiert sind: Was ist Bestandteil des Projektes, und – genauso wichtig – was nicht?

6.2.2.1.2 Einschränkungen und Risiken (ISO 20700 Abschn. 5.5.2.2, 4.4.1, 4.4.10, 4.4.11)

Im Vertrag sollten die Einschränkungen und die mit dem Auftrag verbundenen Risiken – das können wirtschaftliche und projektbezogene, Sicherheits- und Gesundheitsrisiken sein – angegeben werden, und zwar in dem Maße, dass sie entsprechend den Grundsätzen (gemäß ISO 20700 Abschn. 4) bekannt und identifizierbar sind.

Der Vertrag sollte Informationen zum Umfang, den Ressourcen und Anlagen enthalten, die für die Prüfung von Gesundheits- und Sicherheitsrisiken innerhalb der Unternehmensberatung relevant sind und mit welchen die Unternehmensberatung die Art von potenziellen Risiken identifizieren, analysieren, beurteilen und priorisieren sollte, wobei sie die erforderlichen Ressourcen koordiniert und anwendet, um das Risiko und die Auswirkungen von unvorhersehbaren Ereignissen zu minimieren, zu überwachen und zu kontrollieren.

Denn in der Startphase eines Projektes kann leicht eine gewisse Euphorie Platz greifen: „Alles wird reibungslos und gut ablaufen, alle Beteiligten werden sich voll dem Erfolg verschreiben!“ In der Praxis werden jedoch Einschränkungen auftreten: Die Menschen haben auch anderes zu tun, müssen ihr Geschäft am Laufen halten, und können sich, in den meisten Fällen, nicht voll dem Projekt widmen – um nur ein Beispiel einer möglichen Einschränkung zu nennen.

- Welche Risiken werden derzeit für das Projekt erwartet? Auch wenn natürlich nicht jedes Risiko vorhersehbar sein wird, ist es doch sehr wichtig, einige Zeit darauf zu verwenden, über potentielle Risiken nachzudenken, diese zu bewerten, zu priorisieren und zu managen.

  Anhang G der Norm enthält „Beispiele von Leitlinien für typisches Risikomanagement für Unternehmensberatungen“, die den erfolgreichen Abschluss des Auftrages beeinflussen können, wie Projektführung, verfügbare und qualifizierte Ressourcen, Reputation, Integrität.

  Darüber hinaus stellt Anhang E der Norm „Beispiele von Leitlinien zum Umgang mit Interessenskonflikten“ dar.

- Die Unternehmensberatung sollte einen angemessenen Überblick über die gültigen Gesetze, Richtlinien, Regeln, Vorschriften und Standards haben, die ihre Dienstleistungen und die des Klienten bestimmen.

  Die Unternehmensberatung sollte insbesondere

  - in einen Dialog mit dem Klienten treten, um die relevanten Gesetze und Vorschriften für den Auftrag zu bestimmen,
  - jegliche Konflikte zwischen Gesetzen und Vorschriften für ihre allgemeinen Tätigkeiten und die spezifischen Aufgaben im Vertrag anführen und handhaben.
  - Im Falle von mehreren Gerichtsbarkeiten sind das Ziel dieses Unterpunktes die Selektion und Spezifizierung, welche Gesetze für den Auftrag relevant sind, abhängig davon, wo die Unternehmensberatung und der Empfänger agieren. Dies schafft auch Bewusstsein für potenzielle Konflikte zwischen Gesetzen bei grenzüberschreitenden Aufträgen.
- Dabei ist es zweckmäßig, dass die Unternehmensberatung gleichzeitig ihre Methodik des Risiko- und Qualitätsmanagements und den Umfang erläutert und vereinbart.

6.2.2.1.3 **Interessensträger** (ISO 20700 Abschn. 5.5.2.3, 4.4.2, 4.4.6, 4.4.7)

Es gilt, die relevanten Interessensträger zu identifizieren. Anhang B der Norm enthält „Beispiele für typische Interessensträger".

Der Vertrag sollte jede Vereinbarung beinhalten, die mit den Interessensträgern ausgehandelt wurde.

- *Welche Person, Gruppe oder Organisation – innerhalb oder außerhalb der Organisation des Klienten –*
  - *hat Interessen im Projekt,*
  - *kann es beeinflussen oder davon beeinflusst werden*
  - *oder glaubt, von irgendeinem Aspekt betroffen zu sein?*

Das gilt während der Projektdauer und auch in Bezug auf das Projektergebnis.

Achten Sie sorgfältig darauf

- keine Interessensträger zu übersehen – *das würde Unsicherheit und Sorge über mögliche (negative) Auswirkungen des Projektes auf diese Person oder Organisation/Institution generieren. Auch könnte Ihnen ein möglicher wertvoller Beitrag dieser Person oder Organisation/Institution zum Projekt entgehen.*

- offene Information für die Interessensträger von Projektanfang an, zu bestimmten Meilensteinen und bei Projektende, vorzusehen und zu geben,
- dass tatsächlich alle Interessensträger definiert und im Vertrag aufgenommen wurden, mit den dazugehörigen Vereinbarungen,
- jeden einzelnen Interessensträger vom Klienten und dem Beratungsunternehmen gemeinsam zu kontaktieren,
- über die potenziellen Auswirkungen des Projektes auf ihn zu informieren und Zustimmung zu seinem Beitrag zu erhalten,
- mit jedem Interessensträger Vereinbarungen zu erzielen und zu erstellen, die seine Rollen und Verantwortlichkeiten im Projekt, die Beziehung zum Beratungsunternehmen, den Informationszugang sowie eine effektive Strategie bezüglich der Kommunikation enthalten.
- Die Unternehmensberatung sollte dabei das Recht auf Datenschutz aller Interessensträger sichern, indem sie die Informationsarten, die gesammelt werden, sowie die Art und Weise, wie sie erlangt, gespeichert, genutzt, berichtet und gesichert werden, einschränkt. Die Unternehmensberatung sollte die Daten oder Informationen der Interessensträger nicht aus irgendeinem Grund ohne Genehmigung verwenden, insbesondere nicht zum Nachweis des Leistungsvermögens der Unternehmensberatung, einen Auftrag auszuführen.

6.2.2.2 **Dienstleistungen und abzuliefernde Leistungen** (ISO 20700 Abschn. 5.5.3, 5.5.5.3, 5.5.7.2, 4.2, 4.4.1, 4.4.8, 4.4.9)

Der Vertrag sollte eine Beschreibung der Dienstleistungen und abzuliefernden Leistungen beinhalten.

Dabei geht es um folgende Punkte:

- Welche Leistungen sind unter diesem Vertrag zu erbringen?
- Welche Ergebnisse werden erwartet?
  - Sind dies sozial verantwortliche Ergebnisse, die auch die Interessen der Interessensträger berücksichtigen und einen Beitrag zu einer nachhaltigen Entwicklung leisten?
- Welche Gesetze und Vorschriften inkl. Richtlinien, Normen und Standards, die von relevanten Organisationen veröffentlicht wurden, sollen bei der Leistungserbringung angemessen berücksichtigt werden?
- *Welches Material, z. B. Handbücher usw., wird erstellt und dem Klienten übergeben?*

- Die Eigentümerschaft bzw. die Nutzungs- und Bezugsrechte der im Zuge des Beratungsprojektes erstellten Inhalte sind zu definieren.
- *Über die zu liefernden Präsentationen und Berichte ist Übereinkommen zu erzielen:*
  - *Wann, in welchem Format und Umfang, an wen?*
  - Wann sind Zwischen- und Endberichte fällig?
  - *Berichte und Präsentationen stellen Kostenfaktoren dar und sind daher vorab zu vereinbaren.*
- Wie können die Leistungen evaluiert werden? Siehe dazu „Akzeptanzkriterien".

6.2.2.3 **Herangehensweise und Arbeitsplan** (ISO 20700 Abschn. 5.5.4, 4.4.3, 4.4.4, 4.4.6, 4.4.10, 4.4.11)

Der Vertrag sollte einen Arbeitsplan enthalten. Die folgenden Elemente können als Checkliste genutzt werden:

- Ziele, Anwendungsbereich, Inhalte und erwartete Ergebnisse des Beratungsauftrages
- Das Beratungsunternehmen legt seine Herangehensweise und Methodik, insbesondere die Projektmanagementmethoden, Qualitäts-, Gesundheits- und Sicherheitsmanagement sowie die Risikomethodik vor. Nach Zustimmung des Klienten werden diese Methoden in den Vertrag aufgenommen.
- Projektführung: Wie werden potenziell aufkommende Änderungen des Leistungsumfanges abgehandelt? Eskalationsverfahren sind zu definieren und ebenso Mechanismen, um ethisches Verhalten zu unterstützen und die Meldung von unethischem Verhalten ohne Angst vor Repressalien zu erleichtern.
- Anwendbarer Verhaltenskodex: wahlweise spezifisch für diesen Auftrag, eines Interessenströgers, der Unternehmensberatung, des Klienten oder einer relevanten Berufsvertretung. Der anwendbare Verhaltenskodex sollte im Vertrag festgehalten und jegliche Widersprüche sollten aufgelöst werden.
- Anhang D der Norm enthält „Beispiele für Leitlinien zum Verhaltenskodex für Unternehmensberatungen" in Bezug auf ethische Grundsätze, wie Effizienz, Nachhaltigkeit, Verantwortung, öffentliches Vertrauen, Integrität und Professionalität.

- Ressourcen, Projektorganisation (inkl. Rollen und Verantwortlichkeiten sowie Befugnisse der Unternehmensberatung, des Klienten und anderer Interessensträger), Projekt-Dokumentation und Berichterstattung sowie Projektführung
- Zeitplan und Meilensteine
- Projektbudget
- Kommunikation (Kanäle, Methoden, Häufigkeit usw.)
- Wissenstransfer sowie Kapazitätsaufbau des Klienten und/oder Empfängers

6.2.2.4 **Rollen und Verantwortlichkeiten** (ISO 20700 Abschn. 3.23, 5.5.5, 5.5.2.3, 4.4.4, 4.4.5)

„Ressourcen" definiert die Norm als Vermögenswerte, Personen, Fertigkeiten, Technologien (einschließlich technischer Anlagen und Ausrüstung), Grundstücke, Betriebsmittel und Informationen (elektronisch oder nicht), die eine Organisation, wenn erforderlich, zu ihrer Verfügung haben muss, um ihre Zielsetzung zu verfolgen und zu erreichen.

- Welche Ressourcen, einschließlich Personal, Daten und Dokumentation,
  - des Klienten,
  - des Beratungsunternehmens,
  - der definierten Interessensträger,
  - der Empfänger der Projektergebnisse,
  - eventueller Subunternehmer

  werden in das Projekt eingebunden?
- Betreffend Leistungsvermögen der Unternehmensberatung führt Anhang F der Norm „Beispiele für Kriterien zur Bewertung von Fähigkeiten" an.
- *Die Liste der Ressourcen enthält die Namen, die dazugehörigen Rollen, Verantwortlichkeiten und das vorhergesehene Ausmaß der Einbindung.*
- Diese Liste aller involvierten Ressourcen stellt auch die Definition der Projektorganisation dar. Sie beinhaltet ebenso einen „Projektsponsor" oder „Projektleiter" für die Projektführungsrolle. Diese sollte zur Organisationsführung des Klienten passen.
- *Alle angeführten Personen werden darüber informiert, was von ihnen erwartet wird. Ihre Zustimmung dazu ist im Voraus, vorzugsweise in schriftlicher Form, einzuholen.*

– *Welche Services stellt der Klient den Mitarbeitern des Beratungsunternehmens zur Verfügung, während sie in seinen Geschäftsräumlichkeiten tätig sind?*

  Beispiele dazu:

  - *Büros, Arbeitsplätze*
  - *Bürodienstleistungen*
  - *IT-Dienste*
  - *administrative Unterstützung*
  - *Verpflegung und Getränke*
  - *Transport*
  - *Parkplätze*
  - *Unterkunft*
  - *usw.*

  Wenn dafür Kosten in Rechnung gestellt werden, sind diese vorab zu definieren.

6.2.2.5 **Akzeptanzkriterien** (ISO 20700 Abschn. 5.5.6, 5.5.5.3, 7.5.2, 4.3, 4.4.12)

Der Zweck der Evaluierung besteht darin, dass die Unternehmensberatung die Wirksamkeit des Auftrages bewertet und feststellt.

Die Evaluierung ermöglicht dem Klienten und der Unternehmensberatung außerdem

– die Effektivität des Auftrages zu diagnostizieren,
– Vorschläge für Korrekturmaßnahmen zu machen,
– Feedback voneinander zu erhalten und zu geben,
– den Mehrwert zu bewerten.

Was sind die Bedingungen und der Prozess für die Evaluierung und die Schlussabnahme des Projektes?

– Formelle Evaluierungs- und Akzeptanzkriterien, wie z. B. Kennzahlen (KPIs – Key Performance Indicators), deren Messmethoden und erwarteten numerischen (Minimum-)Werte sind vorab in Übereinstimmung festzulegen.
– Zusätzlich zu offensichtlichen finanziellen Indikatoren, wie Umsatz, Kosten usw., könnten typische Messwerte Folgendes beinhalten:

- Innovation (Entwicklung neuer Dienstleistungen)
- Prozesseffektivität
- Prozessverbesserungen
- neue Systeme und Verhalten
- Methodik
- Leistung des Teams
- Kapazität der Ressourcen
- Verkaufskontakte/Referenzen
- Zufriedenheit des Klienten

– *Konzentrieren Sie sich auf solche Indikatoren, deren Verbesserung durch das Beratungsprojekt erreicht werden sollen, und bedenken Sie auch jene, die eventuell – wenn auch unbeabsichtigt – negativ beeinflusst werden könnten, – z. B. Mitarbeiterzufriedenheit.*

– *Achten Sie darauf, nur solche Kriterien heranzuziehen, die auch tatsächlich messbar sind, anstatt lediglich auf Gefühlen oder Annahmen zu basieren. Das heißt jedoch nicht, dass nur „harte Faktoren“, wie Finanzzahlen, Fehlerraten usw., verwendet werden können. „Weiche Faktoren“, wie z. B. Mitarbeiterzufriedenheit, können auch gemessen werden – z. B. mittels Umfragen.*

– *Stellen Sie sicher, dass die aktuellen Werte der gewählten Indikatoren zu Beginn des Beratungsprojektes aufgezeichnet werden, um einen Vorher-Nachher-Vergleich zu ermöglichen.*

– Meilensteine sind zu definieren, mit messbaren Kriterien und deren Evaluierungsmethoden.

– Eine Evaluierung kann aus vertraglichen Gründen erforderlich sein, um zu zahlende Honorare zu ermitteln:

  - *Zahlungen an das Beratungsunternehmen können an das erreichte Resultat gebunden sein, das heißt (teilweise) vom numerischen Wert bestimmter Indikatoren zu einem vorher bestimmten Zeitpunkt, z. B. bei Projektabschluss, xx Monate nach der Implementierung der im Projekt vereinbarten Empfehlungen oder Ähnlichem, abhängen. In diesem Fall sollten die Unternehmensberatung und der Klient die am besten geeignete Evaluierungsmethode vereinbaren.*
  - *Ähnlich sind Garantien gelagert – z. B. für Zielerreichung oder Termintreue. Bei Nicht-Erreichen eines vorbestimmten Ergebnisses, oder bei Terminverzug, wird eine bestimmte Pönale fällig.*

- *Zu beachten ist in beiden Fällen, dass die Einhaltung von der Unternehmensberatung auch beeinflussbar ist. Gegebenenfalls sind gewisse Ereignisse (im Sinne von „höherer Gewalt“) in den Vertrag aufzunehmen, die die Unternehmensberatung von der Pönale entbinden.*

– Zwischen- und Endevaluierungsergebnisse sind zu berichten.

6.2.2.6 **Geschäftsbedingungen** (ISO 20700 Abschn. 5.5.7, 4.4)

Der Vertrag sollte die Geschäftsbedingungen angeben, die für die Abrechnung von Gebühren und Entgelten, den Zahlungsplan, Ausgaben usw. relevant sind.

Im Vertrag sollten alle sachdienlichen Informationen für relevante rechtliche und regulatorische Erfordernisse und gesetzlichen Verpflichtungen, wie das Eigentum an Material, Ergebnissen und abzuliefernden Leistungen, Nutzungsrechte, Lizenzierungen, geistiges Eigentum, Haftung, Beschränkungen usw., enthalten sein. Dies darf auch Verweisungen auf anwendbare Branchenstandards beinhalten.

– Die Unternehmensberatung sollte über einen Prozess für die Handhabung von Ansprüchen und Streitigkeiten verfügen. Dieser Prozess sollte dem Klienten klar kommuniziert werden. Der Klient könnte jedoch selbst einen eigenen Prozess dafür haben. Welcher ist anzuwenden? Halten Sie die dazu gemeinsam getroffene Entscheidung im Vertrag fest.

– Der Vertrag sollte alle Anforderungen, Verantwortlichkeiten und Aktivitäten in Bezug auf Grundsätze und alle anderen vereinbarten Punkte, die für den Auftrag gelten, spezifizieren.

  - Die dargestellten Grundsätze sind dazu gedacht, die Unternehmensberatungen bei der Erbringung des Auftrages zu leiten und gelten während des Auftrages.
  - Unternehmensberatungen sollten ihre Verantwortlichkeiten und Aktivitäten für alle Grundsätze bewerten und angeben, wenn diese nicht anwendbar sind.

6.3 Ausführung (ISO 20700 Abschn. 6)

6.3.1 **Einführung** (ISO 20700 Abschn. 6.1 bis 6.4, 4.1.2)

Ausgangspunkt: Der abgeschlossene Vertrag

Ein, wie in der vorigen Phase „Vertragsabschluss“ beschrieben, sorgfältig erstellter Vertrag ist unabdingbare Grundlage für den Beginn der Ausführungsphase – die nicht beginnen sollte, bevor der Vertrag von beiden Seiten akzeptiert wurde.

Auch wenn dies nicht wünschenswert scheint, können bedeutende Änderungen im Zusammenhang mit dem Auftrag, die sich auf die Ausführung auswirken, doch jederzeit aufkommen. Sie sind, wie im Vertrag (siehe „Herangehensweise und Arbeitsplan/Unterpunkt Projektführung“ der Phase Vertragsabschluss) vereinbart zu behandeln und können eine Neuverhandlung des Vertrages erfordern.

Ergebnis: Der erfüllte Vertrag

Ergebnisse sollten dabei sein:

- Dienstleistungen und abzuliefernde Leistungen
- Empfehlungen und Herangehensweise für die Zukunft, falls angebracht
- Fortlaufende Evaluierung und Verbesserung

6.3.2 Inhalte der Ausführung (ISO 20700 Abschn. 6.5.1 bis 6.5.5)

Die Unternehmensberatung und der Klient sollen mit Zuversicht, Fairness und gegenseitigem Respekt zusammenarbeiten, um ein für beide Seiten annehmbares und positives Projektergebnis zu erzielen.

Wenn es gelingt, dass die Mitarbeiter des Klienten und jene des Beratungsunternehmens als integrale Teile des Projektteams zusammenarbeiten, ist der Erfolg fast unausweichlich!

6.3.2.1 Verfeinerung des vereinbarten Arbeitsplanes (ISO 20700 Abschn. 6.5.2)

Der in der Phase des Vertragsabschlusses vereinbarte Arbeitsplan sollte in Bezug auf die aktuellen Bedingungen zu Beginn der Ausführungsphase verfeinert werden. Die Unternehmensberatung sollte den Klienten und Empfänger einbeziehen und von ihnen die Zustimmung zu dem überarbeiteten Arbeitsplan einholen.

Den Vertrag auszuverhandeln, kann ein langwieriger Prozess gewesen sein. Es ist empfehlenswert, beim ersten Projektmeeting zu überprüfen, ob die tatsächlichen Umstände zu diesem Zeitpunkt noch immer dieselben sind wie angenommen.

6.3.2.2 **Umsetzung des Arbeitsplanes** (ISO 20700 Abschn. 6.5.3)

Der Auftrag sollte in Übereinstimmung mit dem überarbeiteten Arbeitsplan durchgeführt werden.

Es gibt keine einheitliche Methode zur Implementierung, jedoch kann ein typischer Auftrag aus den folgenden Schritten bestehen, welche durch die Unternehmensberatung mit dem Empfänger durchgeführt werden:

- **Vorbereiten**: beinhaltet das Sammeln relevanter Daten, deren Analyse durch vernünftige Hypothesen, das Überprüfen von Geschäftsmodellen und die Auflistung von Themen
- **Optionen analysieren**: beinhaltet die Analyse von verschiedenen Optionen, um die Probleme anzugehen und eine kurze Auflistung der am besten geeigneten Optionen zu erstellen
- **Empfehlen**: beinhaltet die Empfehlung geeigneter Lösungen ausgehend von der bestehenden Situation zusammen mit einem Umsetzungsplan und den erwarteten Ergebnissen
- **Entscheidungen treffen**: beinhaltet die Präsentation der Empfehlungen gegenüber dem Klienten oder Empfänger für die Entscheidung und Akzeptanz bzw. Annahme
- **Einführen**: beinhaltet die Ausführung der Empfehlungen, Überwachung der erzielten Fortschritte und das Messen der Ergebnisse (nur anwendbar, wenn die Einführung im Vertrag spezifiziert wurde)

6.3.2.3 **Auftragssteuerung und -überwachung** (ISO 20700 Abschn. 6.5.4, 4.1.3, 4.3, 4.4.2, 4.4.4, 4.4.5, 4.4.6, 4.4.9, 4.4.10, 4.4.11)

Die Unternehmensberatung sollte sicherstellen, dass der Auftrag effektiv und effizient umgesetzt wird.

Die Unternehmensberatung sollte sich bemühen, sozial verantwortliche Ergebnisse zu erreichen, die die Interessen der Interessensträger berücksichtigen. Die Überlegungen könnten Folgendes beinhalten:

- Darstellung des Beitrags der Unternehmensberatung für die Interessensträger
- Beitrag zur nachhaltigen Entwicklung
- Übereinstimmung mit ethischer Projektführung, einschließlich Transparenz
- Angleichung an Normen und Standards, die von relevanten Organisationen veröffentlicht wurden

Wie in jedem Projekt ist straffes Projektmanagement für die Erreichung der definierten Ziele innerhalb des Zeit- und Budgetrahmens unabdingbar.

Die Projektparameter wurden im Vertrag und im Arbeitsplan festgehalten. Die folgende Aufzählung dient als Checkliste in der Ausführungsphase:

- Den Projektleitern des Klienten und des Beratungsunternehmens obliegt die Einhaltung der Vertragsregeln auf ihrer jeweiligen Seite.
- Finale Entscheidungen bezüglich des Auftrags sollten vom Klienten getroffen werden. Die Unternehmensberatung sollte jeden wirtschaftlich vertretbaren Aufwand darauf verwenden, dem Klienten fortlaufend alle (!) auftragsbezogenen Informationen bereitzustellen.
- Streitigkeiten zwischen dem Klienten und der Unternehmensberatung sollten nach den Vertragsbedingungen behandelt werden.
- Die Unternehmensberatung sollte den vereinbarten Projektmanagement-Ansatz mit entsprechender -struktur bei der Auftragserfüllung durchgängig anwenden.
- Alle involvierten Ressourcen werden vom Klienten und dem Beratungsunternehmen in Einklang mit dem Vertrag bereitgestellt und gemanagt.
- Die Verantwortung für den Einsatz von geeignetem Personal durch die Unternehmensberatung obliegt der Unternehmensberatung. Kriterien für die Eignung könnten relevante Fachgebietskenntnisse, Beratungs- und soziale Kompetenzen sein.

  Anhang F der Norm enthält „Beispiele für Kriterien zur Bewertung von Fähigkeiten" in Bezug auf Beraterkompetenzen sowie Methodiken zu Risikomanagement, Notfallplanung, Geschäftsanalyse, Änderungsmanagement, SWOT-Analysen, Kraftfeldanalyse, beste Managementpraktiken, Qualitätsmanagement, Benchmarking, SIX-SIGMA Verfahren zur Steigerung der Produktivität, Marktanalysen, Forschungsberichte, veröffentlichte Bücher, Netzwerke, Trainingsprogramme, Karriereentwicklung.
- Die Unternehmensberatung sollte die Bedürfnisse und Verfügbarkeit der Ressourcen des Klienten und des Empfängers berücksichtigen und die Ressourcen im Einklang mit diesen Voraussetzungen planen. Dies erfolgt, damit alle in den Auftrag involvierten Personen rechtzeitig eingebunden werden können.
- Der Klient und die Unternehmensberatung sollten die vereinbarten Risiko-, Gesundheits-, Sicherheits- und Qualitätsmanagementmethodiken befolgen, um sicherzustellen, dass die vereinbarte Leistung erbracht und die Ergebnisse geliefert werden.

ISO 20700 Anhang G enthält „Beispiele für Leitlinien für typisches Risikomanagement für Unternehmensberatungen". Dort werden auch die wichtigsten Risikoquellen der Projektführung und des Ressourcenmanagements ebenso wie finanzielle Erwägungen sowie Reputation und Integrität auf Seiten des Klienten und der Unternehmensberatung angeführt.

- Die in der Phase des Vertragsabschlusses vereinbarten Grundsätze der Kommunikation sollten während des gesamten Auftrages befolgt werden und regelmäßige Berichte zum Fortschritt und zu Risiken einschließen. *Auch auf die laufende Information der Interessensträger achten!*
- Die Unternehmensberatung sollte der vereinbarten laufenden Evaluierungsmethodik folgen und Feedback – vom Klienten, den Empfängern und den Interessensträgern – gemäß der vertraglich festgelegten Akzeptanzkriterien (siehe „Akzeptanzkriterien" der Phase Vertragsabschluss) einholen.
- Der Abgleich des Auftragsfortschritts mit dem Arbeitsplan sollte mit geeigneten Überwachungsmethoden und Analysen überwacht und formal aufgezeichnet werden.
- Es sollte ein Änderungskontrollsystem oder einen entsprechenden -prozess geben, einschließlich der Verwaltung der Aufzeichnungen, um mit Problemen, die Einfluss auf den Auftrag haben, besser umgehen zu können, wie:
  - Abweichung vom Arbeitsplan
  - geänderter sachlicher Zusammenhang des Auftrages
  - Änderungen im operativen Umfeld des Klienten oder Empfängers
  - Änderungen in der Erwartung des Klienten
  - Änderungen in der Unternehmensberatung
- Es können sich signifikante Änderungen ergeben, die über den Rahmen des Änderungskontrollprozesses hinausgehen. Diese können als neue Einflüsse zur Vertragsabschluss- und/oder Durchführungsphase in Betracht gezogen werden und eine Neuverhandlung des Vertrags zwischen dem Klienten, Empfänger und der Unternehmensberatung erfordern.

6.3.2.4 **Genehmigung und Akzeptanz** (ISO 20700 Abschn. 6.5.5, 4.3)

Die Ausführungsphase endet mit der Genehmigung und Akzeptanz der während des Auftrages erbrachten Leistungen gemäß der im Vertrag vereinbarten Prozesse und Indikatoren zur Messung und Bewertung der Akzeptanzkriterien (siehe „Akzeptanzkriterien" der Phase Vertragsabschluss).

- Die wirtschaftlichen Auswirkungen von Akzeptanz oder Ablehnung sollten in Übereinstimmung mit dem Vertrag behandelt werden.
- Im Falle der Ablehnung tritt der Prozess für die Handhabung von Ansprüchen und Streitigkeiten gemäß vertraglichen Geschäftsbedingungen (siehe „Geschäftsbedingungen“ der Phase Vertragsabschluss) in Kraft.

6.4 Abschluss (ISO 20700 Abschn. 7)

6.4.1 Einführung (ISO 20700 Abschn. 7.1 bis 7.4, 4.1.2)

Ausgangspunkt: Die Auftragsdurchführung und der Abnahmeprozess gemäß vereinbartem Vertrag sind abgeschlossen.

Das Abschlussverfahren beginnt, wenn die Entscheidung des Klienten gefallen ist, dass der Auftrag vollständig abgeschlossen wurde. Dies erfordert im Regelfall, dass die vereinbarte Leistung geliefert und akzeptiert wurde.

Zweck der Abschlussphase ist, nach Lieferung der Dienstleistung in Übereinstimmung mit dem Vertrag einen ordnungsgemäßen Auftragsabschluss zu erreichen.

- Ein Auftrag kann, auf Initiative entweder des Klienten oder des Beratungsunternehmens, vor Lieferung der ursprünglich vereinbarten Dienstleistung beendet werden. Das kann dann als „signifikante Änderung“ betrachtet werden (siehe „Auftragssteuerung und -überwachung“ der Phase Ausführung). In diesem Fall kann es notwendig sein, das Abschlussverfahren auf der Basis eines überarbeiteten Vertrags durchzuführen.

Ergebnis:

Das Abschlussverfahren mündet in einer Reihe von Ergebnissen, darunter:

- die Entlassung aller Parteien aus ihren Verpflichtungen aus dem Vertrag
- ein gemeinsames Verständnis der weiterlaufenden Verpflichtungen zwischen den Interessensträgern, insbesondere der Unternehmensberatung und dem Klienten (z. B. Garantien, Vertraulichkeit, Datenschutz, Urheberrechte, offene Punkte usw.)
- die Begleichung von Rechnungen, Spesen usw.
- *die Rückgabe von Materialien, Ausweisen, Schlüsseln usw. gegen Bestätigung*

6.4.2 **Inhalte des Abschlusses** (ISO 20700 Abschn. 7.5.1 bis 7.5.5)

Der Auftrag gilt so lange nicht als abgeschlossen, bis alle abschließenden Themen behandelt wurden, insbesondere unfertige Positionen aufgelöst und alle vertraglichen und rechtlichen Verpflichtungen erfüllt sind.

6.4.2.1 **Gesetzliche und vertragliche Angelegenheiten** (ISO 20700 Abschn. 7.5.1, 4.4.7, 4.4.8, 4.4.12)

Die Unternehmensberatung sollte über wirksame Prozesse verfügen, um sicherzustellen, dass alle gesetzlichen und vertraglichen Angelegenheiten zeitgerecht und effizient in Übereinstimmung mit dem Vertrag erledigt werden.

Der Klient kann die nachfolgende Aufzählung als Checkliste verwenden, um sicherzustellen, dass seine Interessen berücksichtigt und gewahrt werden. Projektspezifische Punkte sollten hinzugefügt werden:

- Rechnungslegung und Zahlung
- Begleichung der Auslagen der Unternehmensberatung
- formale Abnahme und Akzeptanz
- Freigabe der Ressourcen (einschließlich Subunternehmer, falls zutreffend)
- Haftungen und Garantien
- Vertraulichkeit von Drittparteien
- Rechte am geistigen Eigentum
- Verpflichtungen, die nach Abschluss bestehen bleiben (z. B. Recht, Vertraulichkeit, Schutz des geistigen Eigentums, Datenschutz, Wettbewerbsverbot, offene Fragen usw.)
- *Schriftliche Zustimmung (oder Ablehnung), das Projekt in die Referenzliste des Beratungsunternehmens aufzunehmen*

6.4.2.2 **Abschließende Bewertung und Verbesserung** (ISO 20700 Abschn. 7.5.2, 4.3, 4.4.5)

Selbst wenn der Vertrag keine Evaluierung beinhaltet, sollte die Unternehmensberatung über einen Prozess verfügen, um Feedback zu sammeln und aus geleisteter Arbeit zu lernen.

- *Sofern diese Anforderung nicht zu aufwendig und nicht zu „bohrend" ausfällt, sollte der Klient seine Meinung und seine beim Projekt gewonnene Erfahrung offen mitteilen*, sodass die Unternehmensberatung die während des Projektes gewonnenen Informationen und das hinzugewonnene Wissen aufnehmen und zur Verbesserung nutzen kann.

- Die Unternehmensberatung sollte vorzugsweise Fachwissen in der Evaluierung vorhalten und einen systematischen Prozess haben, um sicherzustellen, dass Stärken und Möglichkeiten für Verbesserungen erfasst und unter den Mitarbeitern weitergegeben werden. Die Unternehmensberatung sollte Prozesse zur Verbesserungensteuerung haben, wie:
  - Wissensmanagement
  - Wissensdatenbank
  - technologische und methodische Verbesserungen
  - Fallstudien
  - Ausbildung, Instruktion
  - interne Kommunikation
- Anhang F der Norm enthält „Beispiele für Kriterien zur Bewertung von Fähigkeiten“ der Unternehmensberatung. Er sieht die Verbesserung von Fähigkeiten durch Trainingsprogramme, Karriereentwicklung, fortlaufende professionelle Entwicklung und Netzwerkbildung als Grundlage für die Entwicklung und Aufrechterhaltung eines angemessenen Leistungsvermögens durch die Unternehmensberatung vor.

6.4.2.3 **Administrative Angelegenheiten** (ISO 20700 Abschn. 7.5.3, 4.4.7, 4.4.8)

Eine Unternehmensberatung sollte über wirksame Prozesse verfügen, um sicherzustellen, dass alle administrativen Angelegenheiten zeitnah und effizient bearbeitet werden. Der Projektmanager des Klienten unterstützt dabei und stellt mit der nachfolgenden Liste sicher, dass die Klienteninteressen berücksichtigt und geschützt werden:

- Katalogisieren, Registrieren und Archivieren
- Datensicherung und Protokolle
- Rückgabe von Eigentum, Ausrüstung und Unterlagen (z. B. Akten, Protokolle, Daten, Sicherheitsausweise) des Klienten
- Freistellung/Anwerbung von Subunternehmern und internen Ressourcen
- Vervollständigung interner Qualitätssicherungsverfahren

6.4.2.4 **Kommunikation** (ISO 20700 Abschn. 7.5.4, 4.4.6, 4.4.7)

Die Unternehmensberatung sollte sicherstellen, dass alle Verpflichtungen hinsichtlich Kommunikation, die aus dem Auftrag resultieren (z. B. Vertraulichkeitsvereinbarungen, Vorbereitung von Fallstudien, Artikel, Anforderungen von Referenzen usw.) erfüllt sind.

Die Unternehmensberatung sollte eine Abschlussbesprechung mit dem Klienten am Ende des Auftrages durchführen.

6.4.2.5 **Offene Punkte von untergeordneter Bedeutung** (ISO 20700 Abschn. 7.5.5)

Gemeinsam mit dem Klienten erstellt die Unternehmensberatung eine Liste aller noch offenen Punkte von untergeordneter Bedeutung, die nach Vollendung des Auftrages zu behandeln sind – wie, von wem, bis wann usw.

Sobald all das erledigt ist, kommt ein strukturiert abgewickeltes Beratungsprojekt zu einem von allen Beteiligten akzeptierten Abschluss!

6.5 **Nachbereitung** (ISO 20700 Anhang C)

6.5.1 **Einführung** (ISO 20700 Anhang C)

Ausgangspunkt: Das abgeschlossene Beratungsprojekt

Wie geht es nach Abschluss des Beratungsprojektes weiter?

Die Norm sagt dazu lediglich „Die Unternehmensberatung pflegt die Beziehung zu dem Klienten. Wenn eine solche Aktivität nicht Teil eines bestimmten Auftrags ist, dann liegt sie außerhalb des Geltungsbereichs dieses Dokuments“.

Ein gutes Verhältnis zwischen Klienten und Beratungsunternehmen – wie es ja bei Beherzigung aller Ratschläge aus diesem Buch entstanden sein sollte – wird man doch nicht einfach beenden.

Der Klient wird sich sicher freuen, wenn sich das Beratungsunternehmen nach angemessener Zeit wieder meldet, um sich zu erkundigen, ob denn alles zur Zufriedenheit läuft und die erwarteten Effekte aus dem Beratungsprojekt nach wie vor sichtbar sind, und ob vielleicht Fragen dazu aufgekommen sind.

Solche Kontakte sind, da sie auf einer bereits bestehenden Kundenbeziehung und einem bereits gemeinsam durchgeführten Projekt aufbauen, nach den geltenden Datenschutzregeln legitim. Auch ein regelmäßig (aber nicht zu häufig) zugesandter Newsletter wird, wenn er relevante und wertvolle Informationen enthält, beim Klienten gut ankommen – er kann ihn ja auch jederzeit abbestellen.

Natürlich wird das Beratungsunternehmen an weiteren Aufträgen interessiert sein. Das sollte bei den Kontakten jedoch nicht im Vordergrund stehen – leicht kann das dann aufdringlich wirken – „man merkt die Absicht, und ist verstimmt...“.

Jack Welsh, der legendäre CEO von General Electric, richtete bei einer Unternehmensberatertagung vom Podium aus den Anwesenden aus: „Das Problem mit euch Unternehmensberatern ist, dass man euch, wenn ihr einmal im Haus wart, nicht mehr loswird!“ Das war sicher nicht böse gemeint, und es haben auch alle im Saal gelacht – nachdenklich gemacht hat dieser Satz uns Berater aber wohl schon!

7 Anwendungs-Checklisten für Beratungskunden und Berater

7.1 Struktur und Anwendung

Die Anwendungs-Checklisten führen – auf Basis des Praxisleitfadens und der ISO 20700 – die wesentlichsten Verantwortlichkeiten und Aktivitäten in den einzelnen Projektphasen an.

Die Anwendungs-Checklisten sind folgendermaßen strukturiert:

- Sie sind gegliedert in jene für die Unternehmensberatung bzw. den Berater, jene für den Kunden (in der Norm „Klient" genannt)[21] und solche, die sowohl von der Unternehmensberatung als auch vom Kunden (Klienten) zu beachten sind.

  Hinweis: Mit „*sowohl als auch*" ist nicht *gemeinsam* gemeint – ein Großteil der Aktivitäten in einem Beratungsprojekt erfolgt ja gemeinsam, wird jedoch *von einer Seite* initiiert und verantwortlich vorangetrieben. Beispiel für eine „sowohl als auch"-Aktivität: Berater und Kunde stellen die Verfügbarkeit der für das Projekt erforderlichen Ressourcen auf *jeweils ihrer eigenen Seite sicher.*

- Die Aktivitäten werden in Kurzform gelistet, mit Referenz auf die jeweiligen Abschnitte der Norm. Vom Autor verfasste Texte erscheinen *in kursiver Schrift* mit dem Zusatz „*Ergänzung des Autors*".

  Hinweis: Details und erläuternde Kommentare sind im Praxisleitfaden (siehe Kap. 6) enthalten und sollten dort nachgelesen werden.

Wie können diese Checklisten zweckmäßig und sinnvoll angewendet werden?

- Die Checklisten sind die Antwort auf die Frage: „Haben wir auch wirklich nichts vergessen?"
- Sie können von **Beratungskunden** wie auch von **Beratern** praktisch angewendet werden, sinnvollerweise auch gemeinsam, bei den Phasen Vorbereitung, Vertragsabschluss, Ausführung und Nachbereitung des Beratungsprojektes.

Im Folgenden sind die Anwendungs-Checklisten im Detail angeführt. Über die Mediathek können sie als ausfüllbare Dokumente abgerufen werden.

21 Es wird daher bei den Aktivitäten der Anwendungs-Checklisten gemäß ISO 20700 synonym der Begriff „Klient" verwendet.

7.2 Aktivitäten für Berater

In der Vorbereitungsphase

Vorbereitungs-Aktivitäten für Berater	Erledigt	Trifft nicht zu
Nur Aufträge suchen und annehmen, welche das Beratungsunternehmen auch erfüllen kann. (ISO 20700 4.4.5)		
Den Verhaltenskodex des Beratungsunternehmens dem Klienten vermitteln. (ISO 20700 4.4.3)		

In der Vertragsabschlussphase

Vertragsabschluss-Aktivitäten für Berater	Erledigt	Trifft nicht zu
Einschränkungen und Risiken: (ISO 20700 5.5.2.2, 5.5.4) Definieren und dokumentieren:		
– Einschränkungen und Risiken definieren und in den Vertrag aufnehmen; (ISO 20700, 5.5.2.2, 4.4.1, 4.4.10, 4.4.11)		
– Die Methodik des Risiko-, Gesundheits-, Sicherheits- und Qualitätsmanagements und deren Umfang erläutern und in den Vertrag aufnehmen; (ISO 20700 5.5.4, 4.4.10, 4.4.11)		
Regulatorische Rahmenbedingungen – für den Auftrag relevante Gesetze, Richtlinien, Regeln, Vorschriften und Standards bestimmen. (ISO 20700 4.4.1)		
Interessensträger: (ISO 20700 5.5.2.3)		
Vereinbarungen mit jedem Interessensträger erzielen und erstellen. (ISO 20700, 5.5.2.3, 4.4.2, 4.4.7, 4.4.9)		

Vertragsabschluss-Aktivitäten für Berater	Erledigt	Trifft nicht zu
Dienstleistungen und abzuliefernde Leistungen: (ISO 20700, 5.5.3) Definieren und dokumentieren:		
– Welche Leistungen sind unter diesem Vertrag zu erbringen? (ISO 20700, 5.5.3, 4.4.9)		
– Welches Ergebnis wird erwartet? (ISO 20700, 5.5.3, 4.4.9)		
– *Welches Material, z. B. Handbücher etc., wird erstellt und dem Klienten übergeben? (Ergänzung des Autors)*		
– Eigentümerschaft bzw. Nutzungs- und Bezugsrechte definieren; (ISO 20700, 5.5.7.2, 4.4.8)		
– *Wann, in welchem Format und Umfang, an wen sind Präsentationen durchzuführen? (Ergänzung des Autors)*		
– Wann sind Zwischen- und Endberichte fällig? (ISO 20700 5.5.5.3)		
Herangehensweise und Arbeitsplan: (ISO 20700 5.5.4, 4.4.4) Definieren und dokumentieren:		
– Projektführung: Wie werden potentiell aufkommende Änderungen des Leistungsumfanges abgehandelt? Eskalationsverfahren definieren. (ISO 20700 5.5.4, 4.4.4)		
– Anwendbarer Verhaltenskodex; (ISO 20700 4.4.3)		
– Ressourcen, Projektorganisation; (ISO 20700 5.5.4, 5.5.5, 4.4.4)		
– Zeitplan und Meilensteine; (ISO 20700 5.5.4)		
– Projektbudget; (ISO 20700 5.5.4)		
– Kommunikation; (ISO 20700 5.5.4, 4.4.6)		
– Wissenstransfer sowie Kapazitätsaufbau des Klienten und/oder Empfängers. (ISO 20700 5.5.4)		

Vertragsabschluss-Aktivitäten für Berater	Erledigt	Trifft nicht zu
Akzeptanzkriterien: (ISO 20700, 5.5.6, 5.5.5.3) Definieren und dokumentieren:		
– Formelle Evaluierungs- und Akzeptanzkriterien, wie z. B. Kennzahlen (KPIs – Key Performance Indicators), deren Messmethoden und erwarteten numerischen (Minimum-)Werte festlegen; (ISO 20700 5.5.6, 5.5.5.3)		
– *Die aktuellen Werte der gewählten Indikatoren zu Beginn des Beratungsprojektes aufzeichnen, um einen Vorher-Nachher-Vergleich zu ermöglichen. (Ergänzung des Autors)*		
– Meilensteine definieren, mit messbaren Kriterien und deren Evaluierungsmethoden. (ISO 20700 5.5.5.3)		
Geschäftsbedingungen: (ISO 20700 5.5.7, 4.4) Definieren und dokumentieren:		
– Die Geschäftsbedingungen, die für die Abrechnung von Gebühren und Entgelten, den Zahlungsplan, Ausgaben usw. relevant sind; (ISO 20700 5.5.7.1)		
– Relevante rechtliche und regulatorische Erfordernisse und gesetzliche Verpflichtungen; (ISO 20700 5.5.7.2, 4.4.1)		
– Den Prozess für die Handhabung von Ansprüchen und Streitigkeiten; (ISO 20700 5.5.7.2)		
– Alle Anforderungen, Verantwortlichkeiten und Aktivitäten in Bezug auf Grundsätze (ISO 20700 4.4) und alle anderen vereinbarten Punkte, die für den Auftrag gelten, spezifizieren, bewerten und angeben, wenn diese nicht anwendbar sind. (ISO 20700 5.5.7.3)		

In der Ausführungsphase

Ausführungs-Aktivitäten für Berater	Erledigt	Trifft nicht zu
Verfeinerung des vereinbarten Arbeitsplanes: (ISO 20700 6.5.2)		
– Den Arbeitsplan in Bezug auf die aktuellen Bedingungen verfeinern. (ISO 20700 6.5.2)		
– *Beim ersten Projektmeeting überprüfen, ob die tatsächlichen Umstände zu diesem Zeitpunkt noch immer dieselben sind wie angenommen. (Ergänzung des Autors)*		
Umsetzung des Arbeitsplans: (ISO 20700 6.5.3)		
Den Auftrag in Übereinstimmung mit dem überarbeiteten Arbeitsplan durchführen. (ISO 20700 6.5.3)		
Auftragssteuerung und -überwachung: (ISO 20700 6.5.4)		
– Den Auftrag effektiv und effizient umsetzen. (ISO 20700 6.5.4.3, 4.1.3, 4.4.4)		
– Sozial verantwortliche Ergebnisse erreichen. (ISO 20700 4.4.9)		
– Sicherstellung des Einsatzes geeigneten Personals. (ISO 20700 6.5.4.4, 4.4.5)		
– Die Bedürfnisse und Verfügbarkeit der Ressourcen des Klienten und des Empfängers berücksichtigen und die Ressourcen im Einklang planen. (ISO 20700 6.5.4.5)		
– Durchgehende Anwendung des vereinbarten Projektmanagement-Ansatzes; (ISO 20700 6.5.4.3)		
– Der vereinbarten laufenden Evaluierungsmethodik und dem Feedbackansatz folgen. (ISO 20700 6.5.4.9)		

Ausführungs-Aktivitäten für Berater	Erledigt	Trifft nicht zu
– Den Auftragsfortschritt in Abgleich mit dem Arbeitsplan mit geeigneten Überwachungsmethoden und Analysen überwachen und formal aufzeichnen. (ISO 20700 6.5.4.6)		
– Das Änderungskontrollsystem oder einen entsprechenden -prozess bei Problemen, die Einfluss auf den Auftrag haben, anwenden. (ISO 20700 6.5.4.6)		

In der Abschlussphase

Abschluss-Aktivitäten für Berater	Erledigt	Trifft nicht zu
Gesetzliche und vertragliche Angelegenheiten: (ISO 20700 7.5.1)		
Die Unternehmensberatung sollte über wirksame Prozesse verfügen, um sicherzustellen, dass alle gesetzlichen und vertraglichen Angelegenheiten zeitgerecht und effizient in Übereinstimmung mit dem Vertrag erledigt werden. (ISO 20700 7.5.1)		
Abschließende Bewertung und Verbesserung: (ISO 20700 7.5.2)		
Die Unternehmensberatung sollte über einen Prozess verfügen, um Feedback zu sammeln und aus geleisteter Arbeit zu lernen. (ISO 20700 7.5.2, 4.3, 4.4.5)		
Administrative Angelegenheiten: (ISO 20700 7.5.3)		
– Mit wirksamen Prozessen sicherstellen, dass alle administrativen Angelegenheiten zeitnah und effizient bearbeitet werden. (ISO 20700 7.5.3, 4.4.7, 4.4.8)		
– Im Zuge des Projektes erstellte Dokumente sowie überlassene Unterlagen und Ausrüstung dem Klienten übergeben. (ISO 20700 7.5.3)		

Abschluss-Aktivitäten für Berater	Erledigt	Trifft nicht zu
Kommunikation: (ISO 20700 7.5.4, 4.4.6)		
– Alle Verpflichtungen hinsichtlich Kommunikation (z. B. Vertraulichkeitsvereinbarungen, Vorbereitung von Fallstudien, Artikel, Anforderungen von Referenzen usw.) erfüllen. (ISO 20700 7.5.4, 4.4.6, 4.4.7)		
– Eine Abschlussbesprechung mit dem Klienten am Ende des Auftrages durchführen. (ISO 20700 7.5.4)		
Offene Punkte von untergeordneter Bedeutung: (ISO 20700 7.5.5)		
Gemeinsam mit dem Klienten eine Liste aller noch offenen Punkte von untergeordneter Bedeutung, die nach Vollendung des Auftrages zu behandeln sind – wie, von wem, bis wann – erstellen. (ISO 20700 7.5.5)		

In der Nachbereitungsphase

Nachbereitungs-Aktivitäten für Berater	Erledigt	Trifft nicht zu
Die Beziehung zum Klienten pflegen. (ISO 20700 Anhang C)		
In einer für den Kunden wertvollen und nützlichen Art Kontakt halten. (Ergänzung des Autors)		

7.3 Aktivitäten für Berater und Kunden

In der Vorbereitungsphase

Vorbereitungs-Aktivität sowohl für Berater als auch für Kunden	Erledigt	Trifft nicht zu
Prüfen, ob irgendwelche Konflikte der Zusammenarbeit im Wege stehen oder diese sogar unmöglich machen. (ISO 20700 4.4.1, 4.4.3)		

In der Vertragsabschlussphase

Vertragsabschluss-Aktivitäten sowohl für Berater als auch für Klienten	Erledigt	Trifft nicht zu
Gegenseitiges Verständnis für die Inhalte des Vertrags (ISO 20700 5.1)		
Alle relevanten und bedeutenden Informationen vollständig offenlegen und zwischen den Partnern – Klient und Unternehmensberatung – teilen. Am Beginn und selbstverständlich auch während des gesamten Projektablaufs. (ISO 20700 5.5.2.1)		
Punkte aus Kapitel „Vertragsabschluss" auslassen, wenn es für beide Parteien offensichtlich ist, dass sie ungeeignet sind. (ISO 20700 5.5.1)		
Rollen und Verantwortlichkeiten: (ISO 20700 5.5.5) Definieren und dokumentieren:		
– Welche Ressourcen in das Projekt eingebunden werden; (ISO 20700 5.5.5.1)		
– *Alle angeführten Personen darüber informieren, was von ihnen erwartet wird. Ihre Zustimmung dazu, im Voraus, einholen. (Ergänzung des Autors)*		
Akzeptanzkriterien: (ISO 20700 5.5.5.6)		
Entscheiden, ob das Beratungshonorar (oder Teile davon) an das Ergebnis gekoppelt sein werden und welche Kriterien das Honorar wie beeinflussen. (Ergänzung des Autors)		
Garantien definieren. (ISO 20700 4.4.12)		
Den Vertrag akzeptieren. (Ergänzung des Autors)		

In der Ausführungsphase

Ausführungs-Aktivitäten sowohl für Berater als auch für Klienten	Erledigt	Trifft nicht zu
Bedeutende Änderungen im Zusammenhang mit dem Auftrag, wie in Herangehensweise und Arbeitsplan (ISO 20700 5.5.4) definiert, aufzeigen. Sie können eine Neuverhandlung des Vertrages erfordern. (ISO 20700 6.5.2)		
Auftragssteuerung und -überwachung: (ISO 20700 6.5.4)		
– *Die Einhaltung der Vertragsregeln auf der jeweiligen Seite sicherstellen. (Ergänzung des Autors)*		
– Streitigkeiten nach den Vertragsbedingungen behandeln. (ISO 20700 6.5.4.2)		
– Alle involvierten Ressourcen in Einklang mit dem Vertrag bereitstellen und managen. (ISO 20700 6.5.4.4, 6.5.4.5)		
– Die vereinbarten Risiko-, Gesundheits-, Sicherheits- und Qualitätsmanagementmethodiken befolgen. (ISO 20700 6.5.4.7, 4.4.10, 4.4.11)		
– Die in der Phase des Vertragsabschlusses vereinbarten Grundsätze der Kommunikation (ISO 20700 4.4.6) einhalten. (ISO 20700 6.5.4.8) *Auch auf die laufende Information der Interessensträger achten! (Ergänzung des Autors)*		
Signifikante Änderungen, die über den Rahmen des Änderungskontrollprozesses hinausgehen, können eine Neuverhandlung des Vertrags zwischen dem Klienten, Empfänger und der Unternehmensberatung erfordern. (ISO 20700 6.5.4.6)		

In der Abschlussphase

Abschluss-Aktivitäten sowohl für Berater als auch für Klienten	Erledigt	Trifft nicht zu
Ein Auftrag kann, auf Initiative entweder des Klienten oder des Beratungsunternehmens, vor Lieferung der ursprünglich vereinbarten Dienstleistung beendet werden. In diesem Fall kann es notwendig sein, das Abschlussverfahren auf der Basis eines überarbeiteten Vertrags durchzuführen. (ISO 20700 7.3)		

7.4 Aktivitäten für Kunden

In der Vorbereitungsphase

Vorbereitungs-Aktivität für den Klienten	Erledigt	Trifft nicht zu
Das Beratungsunternehmen auswählen. (ISO 20700 Anhang C, Anhang H)		

In der Vertragsabschlussphase

Vertragsabschluss-Aktivitäten für den Klienten	Erledigt	Trifft nicht zu
Hintergrundinformationen, Annahmen, Anwendungsbereich und Grenzen: (ISO 20700 5.5.2.1) Definieren, kommunizieren und dokumentieren:		
– Die aktuelle Situation; (ISO 20700 5.5.2.1)		
– Alle Gründe, das Projekt zu starten; (ISO 20700 5.5.2.1)		
– Alle für das Projekt relevanten und bedeutenden Informationen; (ISO 20700 5.5.2.1)		
– Alle Projektziele – das erwartete, quantifizierte, Ergebnis, die erwartete Situation nach dem Projekt; (ISO 20700 5.5.2.1)		

Vertragsabschluss-Aktivitäten für den Klienten	Erledigt	Trifft nicht zu
– Annahmen, deren Einfluss und Auswirkungen; (ISO 20700 5.5.2.1)		
– Projektumfang und -grenzen – was ist Bestandteil des Projektes, und was nicht? (ISO 20700 5.5.2.1)		
– **Einschränkungen und Risiken**; (ISO 20700 5.5.2.2)		
– **Interessensträger**. (ISO 20700 5.5.2.3)		
Rollen und Verantwortlichkeiten: (ISO 20700 5.5.5) Definieren, kommunizieren und dokumentieren:		
– Einen „Projektsponsor“ oder „Projektleiter“ für die Projektführungsrolle; (ISO 20700 5.5.5.2)		
– *Jene Services, die der Klient den Mitarbeitern des Beratungsunternehmens zur Verfügung stellt, während sie in seinen Geschäftsräumlichkeiten tätig sind. Wenn dafür Kosten in Rechnung gestellt werden, sind diese vorab zu definieren. (Ergänzung des Autors)*		

In der Ausführungsphase

Ausführungs-Aktivitäten für den Klienten	Erledigt	Trifft nicht zu
Auftragssteuerung und -überwachung: (ISO 20700 6.5.4)		
Finale Entscheidungen bezüglich des Auftrags werden vom Klienten getroffen. (ISO 20700 6.5.4.2)		
Genehmigung und Akzeptanz der erbrachten Leistungen (ISO 20700 6.5.5)		

In der Abschlussphase

Abschluss-Aktivitäten für den Klienten	Erledigt	Trifft nicht zu
Abschließende Bewertung und Verbesserung: (ISO 20700 7.5.2, 4.3)		
Feedback: Die Meinung und die beim Projekt gewonnene Erfahrung der Unternehmensberatung offen mitteilen. (Ergänzung des Autors)		
Administrative Angelegenheiten: (ISO 20700 7.5.3)		
Die Unternehmensberatung bei ihren administrativen Prozessen unterstützen. (Ergänzung des Autors)		

8 Case Study: Anwendung der ISO 20700 Leitlinien in IT-Beratungsprojekten

Marius Spiegel

Aus unterschiedlichen Branchen bzw. auch von Kundenseite wurde in den letzten Monaten innerhalb der Pre-Sales-Phase öfters die Begrifflichkeit „Projektarbeit nach DIN EN ISO 20700“ angesprochen. Dabei ist deutlich geworden, dass von Kunden und deren Interessensträgern (Stakeholdern) aus verschiedenen Branchen der Bedarf entsteht, IT-Transformationsprojekte nach bzw. mithilfe eines Beratungsstandards abzuwickeln. Das Interesse besteht insbesondere bei Kunden und Stakeholdern, welche mit hohen Qualitätsstandards bereits in einem standardisierten Branchenumfeld aktiv am Markt agieren, wie z. B. Chemie-/Pharma- oder Nahrungsmittel-Industrie.

Im Rahmen der Masterarbeit des Autors „Analyse der Anforderungen und Chancen einer ISO-Akkreditierung (ISO 20700) zur Steigerung der Qualität innerhalb der SAP-Beratung“ [81] wurde das Thema Standardisierung in IT-Beratungs-Projekten näher analysiert.

Der Autor möchte nun praktische Aspekte aus der Abwicklung von SAP-IT-Transformationsprojekten auf Basis der ISO 20700-Leitlinien darstellen und besonderes Augenmerk auf die Kunden-Berater-Beziehung legen.

Worauf wird besonders geachtet?

Einbeziehung der Kunden und Interessensträger (Stakeholder) & Definition von Verantwortungen

Insbesondere IT-Transformationen, welche sowohl aus rein technischer Sicht (Systemupgrade) oder aus prozessualer Perspektive betrachtet werden, fordern einen engen und kollaborativen Kundenkontakt, um das Projekt gemeinsam zu planen, auszuführen und abzuschließen. Aufgrund der Komplexität und der einzelnen integrativen prozessübergreifenden Projektaktivitäten ist es von besonderer Bedeutung, die Kunden und Interessensträger (Stakeholder) gleich zu Beginn des Projektes zu involvieren. Ziel ist es, die generelle Informationsasymmetrie zwischen Kunde und Berater zu berücksichtigen und die Projekttransparenz zu erhöhen, um die Erwartungshaltung des Kunden bestmöglich zu erfüllen. Die frühe Einbeziehung der Kunden und Interessensträger (Stakeholder) sowie die Zuteilung von Verantwortungen zwischen Kunden und Berater sind wesentliche Grundsätze der ISO 20700. Dies erfolgt in mehreren Ansätzen:

- Vereinbarung der Liefergegenstände sowie Definition von Abnahmekriterien:

  Bereits in der Vertragsgestaltung werden die Liefergegenstände und Verantwortlichkeiten gemeinsam mit dem Kunden erarbeitet und zusammen mit dem IT-Berater abgestimmt. Diese intensive Zusammenarbeit bildet – auch der Erfahrung nach – einen wichtigen Meilenstein für einen erfolgreichen Projektverlauf.

- Zur Definition der Verantwortungsbereiche und deren Aufteilung zwischen IT-Berater und Kunde wird in der Praxis oftmals die sogenannte RACI-Matrix angewendet, welche sich über die Phasen des Beratungsprozesses erstreckt.

  Responsible (R): → beauftragt für die Durchführung der Aktivitäten

  Accountable (A): → verantwortlich für die Aktivitäten (Resultat)

  Consulted (C): → liefert Input zur Durchführung der Aktivität und unterstützt

  Informed (I): → wird mit Informationen versorgt

In nachfolgender Tabelle (Tabelle 5) sind Beispiele der Verantwortungszuteilung aus unterschiedlichen Projektphasen aufgelistet:

Tabelle 5: Verantwortungszuteilung zwischen Berater und Kunde gemäß RACI-Matrix

Projekt-Aktivitäten	Kunde	IT-Berater/ Beratungs-unternehmen
Projekt-Steering-Folien (Projekt-Update)	R	R
Projektmanagement & PMO	R	R
Projekt-Budgetplanung	R	I
Projekt-Budgetplanung	I	R
Projekt-Handbuch (Governance)	C	R
Projekt-Umfang (detaillierte Scope-Liste)	C	R
Implementierungsansatz	C	R
Ressourcen-Planung (Kunde)	R	C, I
Ressourcen-Planung (Beratungsunternehmen)	I	R

Projekt-Aktivitäten	**Kunde**	**IT-Berater/ Beratungs-unternehmen**
Detaillierter Projektplan (inkl. Meilensteine)	R	R
Prozessdokumentation	C	R
Integration Management-Stream übergreifend	R	R
Zahlungsplan (Meilensteindefinition)	R	R
Evaluierung (bspw. von Projektphasen)	R	R
Wissenstransfer „Train-the-Trainer-Concept“	C	R
Wissenstransfer in der Organisation des Kunden – „End User Training“	R	C
Projektorganisation	R	R

Das dargestellte Projektvorgehen weist Überschneidungen mit dem Projektansatz nach DIN EN ISO 20700 auf. Nachfolgend wird auf ausgewählte Bereiche, insbesondere den Wissenstransfer und die Evaluierung von Beratungsprojekten, näher eingegangen. Denn dies sind gemäß ISO 20700 wesentliche Leitlinien zur Qualitätssicherung und für den nachhaltigen Erfolg von Beratungsprojekten maßgeblich.

Wissenstransfer beim Kunden & im Beratungsunternehmen

Innerhalb der IT-Transformationsprojekte ist das Thema Wissenstransfer von wichtiger Bedeutung. Daher wird in der Projektarbeit frühzeitig die Verantwortlichkeit zwischen Kunde und Berater aufgeteilt.

– Hierbei findet das sogenannte „Train-the-Trainer“-Concept Anwendung. Der Kunde definiert gleich zu Beginn der Transformation einen Trainer oder auch „Business Process Owner“, der über den gesamten Projektverlauf in engem Austausch mit dem Berater agiert. Der Business Process Owner repräsentiert hierbei die prozessualen Anforderungen des Kunden bzw. die interne Struktur und ist zugleich offen für Anpassungen sowie Optimierungen.

  Des Weiteren werden alle Schulungsinhalte sowie Dokumentationen gemeinsam mit dem Kunden in einem „Trainings Concept“ abgestimmt und festgehalten. Dieses Konzept beinhaltet unter anderem Trainingsmethoden wie:

  - virtuelle Workshops
  - Self-Paced Training mit Q&A Session

- On-Site Workshops
- Training Tutorials über Aufnahmen
- End User Training

Der Trainer ist somit Hauptansprechpartner für die IT-Berater und verantwortet alle weiteren Schulungen der Key-/End User innerhalb der Organisation. Während der Projektdesignphase ist der Berater in engem aktivem Austausch mit dem Business Process Owner von Kundenseite. Diese Art der Kollaboration ermöglicht beispielsweise eine strukturierte Prozessanalyse, welche sowohl für die Aufnahme des „AS-IS"-Prozesses als auch für die „TO-BE"-Prozessgestaltung von wichtiger Bedeutung ist.

Mithilfe von Intensivworkshops zwischen Berater und Kunde wird der Transfer des Fachwissens (z. B. Systemtraining) ermöglicht, welches insbesondere in IT-Projekten sehr umfangreich ist.

Im Anschluss spiegelt der Trainer (Kunde) das erlernte Wissen innerhalb der Organisation wider. Der Trainer (Kunde) übernimmt in diesem Prozess auch die Rolle des ersten Ansprechpartners für Rückfragen aus der Organisation. Bei kritischen oder komplexeren Themen wird jedoch der Berater erneut involviert. Somit schließt sich der Kreislauf des Train-the-Trainer-Concepts und ermöglicht eine gesamtheitliche Übertragung von Fachwissen des Beraters über den Trainer (Kunde) bis hin zur Organisation als Business Process End User (siehe Abbildung 5).

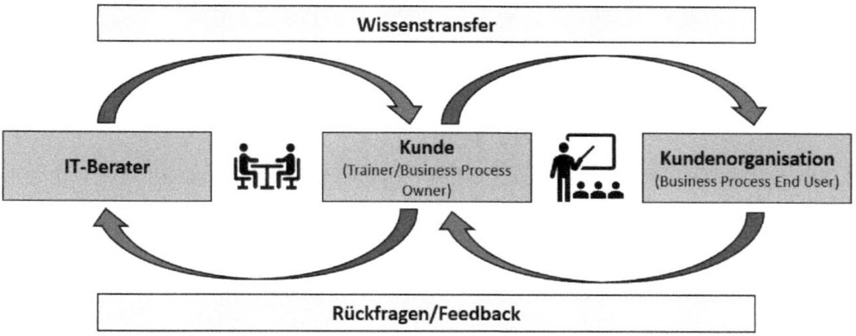

Abbildung 5: Train-the-Trainer-Concept

– Ein weiterer wichtiger Bestandteil ist der Wissenstransfer innerhalb der Projektorganisation des Beratungsunternehmens. Dies betrifft sowohl die Dokumentation der Prozesse als auch den Austausch von Erfahrungswerten. Der Wissensaustausch wird somit durch regelmäßige projektübergreifende

Status-Meetings, in denen Projekterfolge sowie Herausforderungen geteilt werden, sichergestellt.

Ebenso findet ein regelmäßiger Austausch innerhalb bestimmter Fachgruppen/Expertenrunden statt. Diese Fachgruppen können sich beispielsweise nach bestimmten Unternehmensbereichen oder auch Industrien gliedern.

Beispiele für Expertengruppen nach Unternehmensbereichen sind:

- Vertrieb
- Produktion
- Logistik
- Einkauf etc.

Expertise mit Bezug auf den Industrieschwerpunkt:

- Nahrungsmittelindustrie
- Chemie-/Pharmabranche
- industrielle diskrete Fertigung etc.

Aufgrund des aktiven Austausches innerhalb der Beratungsorganisation werden Synergieeffekte für verschiedene Projekte ähnlicher Branchen geschaffen. Durch dieses Vorgehen werden Erfahrungswerte sowie „Lessons learned" diskutiert, wodurch für den Kunden in weiteren Projekten ein indirekter Mehrwert generiert wird.

Evaluierung (von Projektphasen)

Die grundsätzliche Vereinbarung zur Evaluierung der einzelnen Projektphasen wird bereits zu Projektbeginn zwischen Berater und Kunden, insbesondere dem Business Process Owner, getroffen.

Nach erfolgreichem Abschluss einer Projektphase wird diese mit einem Evaluierungsfragebogen ausgewertet. Das Ergebnis dieser Umfrage spiegelt u. a. die Zufriedenheit des Kunden (von Management bis Projektmitglieder) wider.

Der Fragebogen wird zum Beispiel nach der Vorbereitungsphase dem Kunden zur Verfügung gestellt.

Somit ist eine bereits abgeschlossene Phase oder auch der Output dieser Projektphase ein inhaltlicher Schwerpunkt der Evaluierung. Die Ergebnisse dieser Befragung dienen jedoch gleichermaßen als Input für die Folgephase, da mögliche Kritikpunkte oder auch Feedback des Kunden in direkter Weise respektiert und in die Projektarbeit inkludiert werden können.

Nach Abschluss der Realisierung findet die finale Evaluierung statt. Die Basis dieser Auswertung definiert möglicherweise weitere Folgeaktivitäten des Projektes.

Dieser Evaluierungsprozess ist in Abbildung 6 dargestellt.

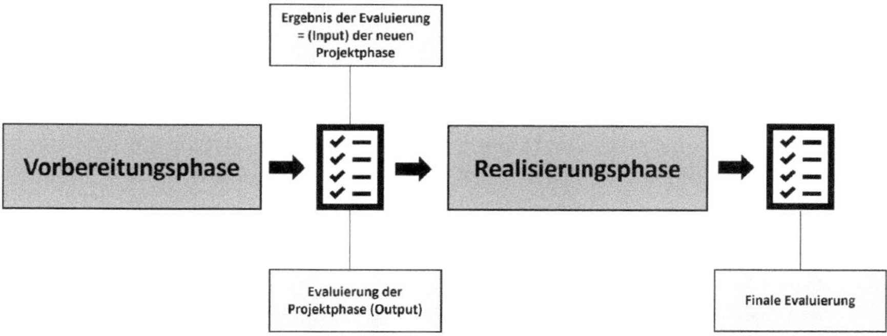

Abbildung 6: Evaluierungsprozess

Der Evaluierungsbogen gliedert sich in vier verschiedene Kategorien:

- Projektmanagement
- Flexibilität
- Zusammenarbeit und Kommunikation
- Expertise/Leistung

Der Kunde bewertet die einzelnen Kategorien anhand vier verschiedener Bewertungsstufen:

1 = sehr gute bis ausgezeichnete Leistung

2 = gute Leistung/Leistung war wie erwartet

3 = unterdurchschnittliche Leistung

4 = fragwürdige Leistung

Nachfolgend sind beispielhafte Evaluierungsfragen aufgelistet:

- Bitte bewerten Sie die Fähigkeiten des Beratungsunternehmens für diese Projektphase in Bezug auf Meilensteine, Zeitplan, gelieferte Ergebnisse.
- Bitte bewerten Sie die Fähigkeit des Beratungsunternehmens im Hinblick auf Flexibilität, sich an Änderungen des Projektumfangs anzupassen.

- Bitte bewerten Sie die Fähigkeit des Beratungsunternehmens, mit internen/externen Interessensträgern (Stakeholdern) zu interagieren. – Wie bewerten Sie die Interaktion im Hinblick auf Kommunikation sowie Kollaboration?
- Bitte bewerten Sie die Fähigkeit des Beratungsunternehmens, Lösungsvorschläge zu entwickeln und diese pragmatisch umzusetzen.

Die Auswertung der Evaluierungsfragen pro Projektphase bietet somit auch für zukünftige Projekte die Möglichkeit einer nachhaltigen Qualitätsabfrage sowie einer Qualitätssteigerung.

Bereits jetzt zeigen die Abwicklungen von IT-Transformationsprojekten, wie in den zuvor angeführten Aspekten und Beispielen dargestellt, einige Schnittstellen zu den Kernpunkten des ISO 20700 Leitfadens.

Die Erwartungshaltung der IT-Beratung ist eine Checkliste, welche in den verschiedenen Projekten Anwendung findet und sowohl aus Beratungs- als auch aus Kundenperspektive als Leitfaden im Projekt angesehen werden kann. Dieser Ansatz ermöglicht, innerhalb des Beratungsprojektes ein Informationsgleichgewicht zwischen Kunde und Dienstleister sicherzustellen, wodurch komplexe Projekte mithilfe der Norm besser, erfolgreicher und flexibler abgewickelt werden können.

Marius Spiegel

Seit sieben Jahren als SAP-Berater in unterschiedlichen Branchen tätig. SAP Certified – Production Planning & Manufacturing. Bachelor of Arts (B. A.) Wirtschaftsinformatik. Seit Abschluss des Studiums Master of Business Administration (Schwerpunkt Projektmanagement & Supply Chain Management) Beschäftigung mit der ISO-Norm 20700 in IT-Beratungsprojekten.

Stichwortverzeichnis

Weiterführende Links

Auf folgenden Webseiten sind aktuelle und weiterführende Informationen zur ISO 20700 angeführt – für Beratungsunternehmen, Kunden und Interessensträger der Branche.

ISO – International Organization for Standardization

https://www.iso.org/standard/63501.html

CEN – European Committee for Standardization

How to improve the quality of management consultancy services and boost professionalism?

https://www.cencenelec.eu/media/CEN-CENELEC/Areas%20of%20Work/CEN%20sectors/Services/Quicklinks%20General/management_consultancy_services.pdf

ICMCI – The International Council of Management Consulting Institutes

https://www.iso20700.org/

Wikipedia

https://en.wikipedia.org/wiki/ISO_20700

Ilse Andrea Ennsfellner

https://iso20700.wordpress.com/

consulting.de

„In der Praxis wird es immer eine Herausforderung bleiben die gewünschte Qualität beim Einkauf und der Lieferung der Beratungsleistungen sicherzustellen.“

https://www.consulting.de/artikel/in-der-praxis-wird-es-immer-eine-herausforderung-bleiben-die-gewuenschte-qualitaet-beim-einkauf-und-der-lieferung-der-beratungsleistungen-sicherzustellen/

Quellenverzeichnis

[1] DIN EN ISO 20700:2019-01 Leitlinien für Unternehmensberatungsdienstleistungen,Beuth Verlag, Berlin.

[2] Linchpin (2023). Trends Transforming The Management Consulting In 2023. https://linchpinseo.com/trends-in-the-management-consulting-industry/. Zugegriffen: 8. Juni 2023.

[3] FEACO (2023). Survey of the European Management Consultancy 2021/2022, S. 7. https://sefdae3117dd10bcb.jimcontent.com/download/version/1677161662/module/7869325811/name/Feaco%20Survey%202021-2022.pdf. Zugegriffen: 8. Juni 2023.

[4] BDU (2023). Facts & Figures zum Consultingmarkt 2023. Bundesverband Deutscher Unternehmensberater. Bonn, S. 6.

[5] Deelmann, T. (2018). Consulting in Zahlen. Ausgewählte und kommentierte empirische Aussagen zur organisationalen Beratung im deutschsprachigen Raum, Berlin.

[6] Neuscheler, T. (8.3.2018): Höhenflug der Berater. https://www.faz.net/aktuell/wirtschaft/mehr-wirtschaft/unternehmensberater-geschaeft-mit-der-beratung-waechst-stetig-15482753.html.
Zugegriffen: 8. Juni 2023.

[7] ICMCI (2022). ICMCI National Consulting Index Global Report. NCI 2022 Edition. https://www.cmc-global.org/content/nci-2022-edition.
Zugegriffen: 8. Juni 2023.

[8] BDU (2023). Facts & Figures zum Consultingmarkt 2023. Bundesverband Deutscher Unternehmensberater. Bonn, S. 8.

[9] consulting.de (4.6.2020). Die Stimmung im Consulting ist wieder auf dem aufsteigenden Ast. https://www.consulting.de/artikel/die-stimmung-im-consulting-ist-wieder-auf-dem-aufsteigenden-ast/.
Zugegriffen: 8. Juni 2023.

[10] Beraternetzwerk IRFC (2020). Online-Blitzumfrage zu Zukunftstrends und aktueller Lage von kleinen und mittleren Unternehmensberatungen. Unveröffentlichtes Arbeitspapier in Kooperation Dr. Ilse Andrea Ennsfellner, Dr. Sabine M. Fischer, Dr. Bernhard Wisleitner. Wien.

[11] Wirtschaftsuniversität Wien (2012). Beraterstudie 2012. Wien.

[12] ASCO (2018). Marktstudie Management Consulting Schweiz 2018. https://www.asco.ch/wp-content/uploads/2018/06/ASCO_MARKT-STUDIE_2018.pdf. Zugegriffen: 8. Juni 2023.

[13] ASCO (2019). Marktstudie Management Consulting Schweiz 2019, S. 9. https://www.asco.ch/wp-content/uploads/2020/02/ASCO-Marktstudie-2019-1.pdf. Zugegriffen: 8. Juni 2023.

[14] BDU (2020). Facts & Figures zum Beratungsmarkt 2020. Bundesverband Deutscher Unternehmensberater. Bonn, S. 17.

[15] Schulz, C. (2021). Inhouse Consulting – Alternative zur externen Beratung?! https://www.consulting-life.de/inhouse-consulting-alternative-zur-externen-beratung/. Zugegriffen: 8. Juni 2023.

[16] Fachverband Unternehmensberatung, Buchhaltung und IT der Wirtschaftskammer Österreich. (2017). Berufsbild Unternehmensberatung. https://www.wko.at/branchen/information-consulting/unternehmensberatung-buchhaltung-informationstechnologie/unternehmensberatung/Berufsbild2.html. Zugegriffen: 8. Juni 2023.

[17] FEACO (2023). Survey of the European Management Consultancy 2021/2022, S. 4. https://sefdae3117dd10bcb.jimcontent.com/download/version/1677161662/module/7869325811/name/Feaco%20Survey%202021-2022.pdf. Zugegriffen: 8. Juni 2023.

[18] BDU (2023). Facts & Figures zum Consultingmarkt 2023. Bundesverband Deutscher Unternehmensberater. Bonn, S. 5.

[19] ASCO (2019). Marktstudie Management Consulting Schweiz 2019, S. 2. https://www.asco.ch/wp-content/uploads/2020/02/ASCO-Marktstudie-2019-1.pdf. Zugegriffen: 8. Juni 2023.

[20] BDU (2023). Facts & Figures zum Consultingmarkt 2023. Bundesverband Deutscher Unternehmensberater. Bonn, S. 18.

[21] Deelmann, T. (2019). Consulting und Digitalisierung. Chancen, Herausforderungen und Digitalisierungsstrategien für die Beratungsbranche. Wiesbaden, S. 9 ff.

[22] Ennsfellner, I. A. & Fischer, S. M. (2022). Qualität in der digitalisierten Welt. In: Bodenstein, R., Ennsfellner, I. A. & Herget, J. (2022) (Hrsg.). Exzellenz in der Unternehmensberatung. Beratungsprojekte erfolgreich durchführen. Leitlinien für Unternehmen und Berater. Wiesbaden, S. 82 ff.

[23] Lippold, D. (2022). Einführung in das Consulting. Strukturen – Trends – Geschäftsmodelle. Berlin/Boston, S. 145 ff.

[24] Experts Group Kooperation und Netzwerke (2020). Erfolgreich mit Kooperationen und Netzwerken 4.0. Experten berichten aus der Praxis für die Praxis. E-Book. Breitenfurt.

[25] Schwetje, G. (2013). Ihr Weg zur effizienten Unternehmensberatung. Beratungserfolg durch eine qualifizierte Beratungsmethode. Herne, S. 37.

[26] Fachverband Unternehmensberatung, Buchhaltung und IT der Wirtschaftskammer Österreich (2019). Berufsgrundsätze und Standesregeln in der Unternehmensberatung. https://www.wko.at/branchen/information-consulting/unternehmensberatung-buchhaltung-informationstechnologie/unternehmensberatung/berufsgrundsaetze-standesregeln-unternehmensberatung.pdf. Zugegriffen: 8. Juni 2023.

[27] BDU (2023a). Qualität in der Unternehmensberatung. https://www.bdu.de/media/296535/qualitaet_in_der_unternehmensberatung.pdf. Zugegriffen: 8. Juni 2023.

[28] BIBB (2023). Definition und Kontextualisierung des Kompetenzbegriffes. https://www.bibb.de/de/8570.php. Zugegriffen: 8. Juni 2023.

[29] Hauser, G. (2012). Worauf Berater achten. Kompetenzen – Methoden – Trends in der professionellen Beratung. Wien, S. 20.

[30] ICMCI (2021). Competence Framework. https://www.cmc-global.org//sites/default/files/public/icmci_cmc002_competence_framework_version_4.0_1.pdf. Zugegriffen: 8. Juni 2023.

[31] Ennsfellner, I. A. (2022). Unternehmensberatung und Consulting Governance – eine Leistung von Beratern und Kunden. In: Bodenstein, R., Ennsfellner, I. A. & Herget, J. (2022) (Hrsg.). Exzellenz in der Unternehmensberatung. Beratungsprojekte erfolgreich durchführen. Leitlinien für Unternehmen und Berater. Wiesbaden, S. 45 in Anlehnung an Schein, 1997, S. 1 ff.

[32] Rothlauf, J. (2010). Total Quality Management in Theorie und Praxis. Zum ganzheitlichen Unternehmensverständnis. München, S. 98.

[33] Ennsfellner, I. A. & Fischer, S. M. (2022). Qualität in der digitalisierten Welt. In: Bodenstein, R., Ennsfellner, I. A. & Herget, J. (2022) (Hrsg.). Exzellenz in der Unternehmensberatung. Beratungsprojekte erfolgreich durchführen. Leitlinien für Unternehmen und Berater. Wiesbaden, S. 99 ff.

[34] Ennsfellner, I. A. (2022). Unternehmensberatung und Consulting Governance – eine Leistung von Beratern und Kunden. In: Bodenstein, R., Ennsfellner, I. A. & Herget, J. (2022) (Hrsg.). Exzellenz in der Unternehmensberatung. Beratungsprojekte erfolgreich durchführen. Leitlinien für Unternehmen und Berater. Wiesbaden, S. 48 ff.

[35] Bodenstein, R. & Herget, J. (2022). Consulting Governance. Strukturen, Prozesse und Regeln für erfolgreiche Beratungsprojekte. Wiesbaden.

[36] Siriu, S. (1.9.2021). Definition und Ziel von Corporate Governance. https://www.haufe.de/compliance/management-praxis/corporate-governance/corporate-governance-defintion-und-ziele_230130_479056.html. Zugegriffen: 8. Juni 2023.

[37] Treichler, C. & Wiemann, E. (2004). Corporate Governance und Managementberatung. In: Treichler, C., Wiemann, E. & Morawetz, M. (2004). Wiesbaden, S. 15–58.

[38] Ennsfellner, I. A. & Fischer, S. M. (2022). Qualität in der digitalisierten Welt. In: Bodenstein, R., Ennsfellner, I. A. & Herget, J. (2022) (Hrsg.). Exzellenz in der Unternehmensberatung. Beratungsprojekte erfolgreich durchführen. Leitlinien für Unternehmen und Berater. Wiesbaden, S. 75 ff.

[39] F. A. Brockhaus-Verlag (Hrsg.) (1986). Brockhaus-Enzyklopädie. Mannheim, S. 299.

[40] Knöpfel, H. (2004). Consulting Governance. Transparente Zusammenarbeit zwischen Kunde und Berater. Zürich, S. 127.

[41] Hauser, G. (2012). Worauf Berater achten. Kompetenzen – Methoden – Trends in der professionellen Beratung. Wien, S. 94.

[42] Knöpfel, H. (2004). Consulting Governance. Transparente Zusammenarbeit zwischen Kunde und Berater. Zürich, S. 61.

[43] Greiner, L. & Ennsfellner, I. (2010). Management Consultants as Professionals, or Are They? In: Organizational Dynamics, 39/2010, S. 74 ff.

[44] Ennsfellner, I. A. & Herget, J. (2022). Die Profession – Legitimation, Stakeholder, Reifegrad. In: Bodenstein, R., Ennsfellner, I. A., & Herget, J. (2022) (Hrsg.). Exzellenz in der Unternehmensberatung. Beratungsprojekte erfolgreich durchführen. Leitlinien für Unternehmen und Berater. Wiesbaden.

[45] Nissen, R. (2023). Beruf. In: Gablers Wirtschaftslexikon. https://wirtschaftslexikon.gabler.de/definition/beruf-31434.
Zugegriffen: 8. Juni 2023.

[46] Unido (2006). Role of standards. A guide for small and medium-sized enterprises. https://www.unido.org/sites/default/files/2007-11/71777_TCB_No.11.Role_of_Standards__Guide_Book_for_SMEs__0590776_Ebook_0.pdf. Zugegriffen: 8. Juni 2023.

[47] CEN-CENELEC Guide 30 (2015). European Guide on Standards and Regulation – Better regulation through the use of voluntary standards – Guidance for policy makers. https://www.cencenelec.eu/media/Guides/CEN-CLC/cenclcguide30.pdf. Zugegriffen: 8. Juni 2023.

[48] ISO/IEC Guide 2:2004 (2016) Standardization and related activities – General vocabulary, S. 30 ff. https://www.iso.org/standard/39976.html. Zugegriffen: 8. Juni 2023.

[49] Ennsfellner, I. (2020). Internationaler Standard ISO 20700 – Leitlinien für die Professionalisierung von Unternehmensberatungsdienstleistungen. In: T. Deelmann & D. M. Ockel (Hrsg.). Handbuch der Unternehmensberatung, (Kz. 7523). Berlin.

[50] Ennsfellner, I. (9.3.2021). In der Praxis wird es immer eine Herausforderung bleiben die gewünschte Qualität beim Einkauf und der Lieferung der Beratungsleistungen sicherzustellen. https://www.consulting.de/hintergruende/themendossiers/der-einkauf-von-beratungsleistung/einzelansicht/in-der-praxis-wird-es-immer-eine-herausforderung-bleiben-die-gewuenschte-qualitaet-beim-einkauf-und-der-lieferung-der-beratungsleistungen-sicherzustellen/. Zugegriffen: 8. Juni 2023.

[51] Bodenstein, R. (2022). Normen und Standards in der Unternehmensberatung. In: Bodenstein, R., Ennsfellner, I. A., & Herget, J. (2022) (Hrsg.). Exzellenz in der Unternehmensberatung. Beratungsprojekte erfolgreich durchführen. Leitlinien für Unternehmen und Berater. Wiesbaden.

[52] BDU (2023b). Berufsgrundsätze des Bundesverbandes Deutscher Unternehmensberatungen BDU e. V. https://www.bdu.de/media/3767/berufsgrundsaetze.pdf. Zugegriffen: 8. Juni 2023.

[53] Fachverband Unternehmensberatung, Buchhaltung und IT der Wirtschaftskammer Österreich (2017). Berufsbild Unternehmensberatung. https://www.wko.at/branchen/information-consulting/unternehmensberatung-buchhaltung-informationstechnologie/unternehmensberatung/Berufsbild2.html. Zugegriffen: 8. Juni 2023.

[54] ICMCI (2021b). Certified Management Consultant (CMC) ICMCI Summary Common Body of Knowledge. https://www.cmc-global.org//sites/

default/files/public/icmci_cmc004_common_body_of_knowledge_version_4.0.pdf. Zugegriffen: 8. Juni 2023.

[55] Cedefop (2023). Qualification. https://www.cedefop.europa.eu/en/tools/vet-glossary/glossary/qualificacao. Zugegriffen: 8. Juni 2023.

[56] OeAD (2023). Der NQR. https://www.qualifikationsregister.at/der-nqr/. Zugegriffen: 8. Juni 2023.

[57] ISO/IEC 17000:2020-05 Konformitätsbewertung – Begriffe und allgemeine Grundlagen, Beuth Verlag, Berlin.

[58] DIN EN ISO/IEC 17011:2018-03. Konformitätsbewertung – Anforderungen an Akkreditierungsstellen, die Konformitätsbewertungsstellen akkreditieren, Beuth Verlag, Berlin.

[59] ICMCI (2021a). CMC Certification Scheme Manual. https://www.cmc-global.org/sites/default/files/public/icmci_cmc001_certification_scheme_manual-version_2.0.pdf. Zugegriffen: 8. Juni 2023.

[60] DIN EN 45020:2007-03 Normung und damit zusammenhängende Tätigkeiten – Allgemeine Begriffe, Beuth Verlag, Berlin.

[61] Engels, B. (2017). Bedeutung von Standards für die digitaleTransformation: Befunde auf Basis des IW-Zukunftspanels, IW-Trends – Vierteljahresschrift zur empirischen Wirtschaftsforschung, Institut der deutschen Wirtschaft (IW), Köln, Vol. 44, Iss. 2, S. 28. https://www.iwkoeln.de/fileadmin/publikationen/2017/339509/IW-Trends_2017-02_Standards_Digitalisierung.pdf. Zugegriffen: 8. Juni 2023.

[62] Herget, J., Bodenstein, R., & Ennsfellner, I. (2013). Unternehmensberatung und IT in Österreich. Stand. Erfolgsfaktoren, Zukunftstrends. Wien, S. 105.

[63] Lippold, D. (2022). Einführung in das Consulting. Strukturen – Trends – Geschäftsmodelle. Berlin/Boston, S. 28 ff.

[64] Engels, B. (2017). Bedeutung von Standards für die digitale Transformation: Befunde auf Basis des IW-Zukunftspanels, IW-Trends – Vierteljahresschrift zur empirischen Wirtschaftsforschung, Institut der deutschen Wirtschaft (IW), Köln, Vol. 44, Iss. 2, S. 37. https://www.iwkoeln.de/fileadmin/publikationen/2017/339509/IW-Trends_2017-02_Standards_Digitalisierung.pdf. Zugegriffen: 8. Juni 2023.

[65] Ennsfellner, I. A. & Herget, J. (2022). Die Profession – Legitimation, Stakeholder, Reifegrad. In: Bodenstein, R., Ennsfellner, I. A., & Herget, J. (2022) (Hrsg.). Exzellenz in der Unternehmensberatung. Beratungsprojekte

erfolgreich durchführen. Leitlinien für Unternehmen und Berater. Wiesbaden, S. 205.

[66] Herget, J., Bodenstein, R., & Ennsfellner, I. (2013). Unternehmensberatung und IT in Österreich. Stand. Erfolgsfaktoren, Zukunftstrends, S. 101 ff.

[67] Ennsfellner, I., Bodenstein, R., & Herget, J. (2014). Exzellenz in der Unternehmensberatung. Qualitätsstandards für die Praxis. Wiesbaden, S. 80.

[68] BDU (2020). Facts & Figures zum Beratungsmarkt 2020. Bundesverband Deutscher Unternehmensberater. Bonn, S. 18.

[69] BDU (2019). Facts & Figures zum Beratungsmarkt 2019. Bundesverband Deutscher Unternehmensberater. Bonn, S. 19.

[70] Grün, K. (18.05.2022). Warum Standards wichtig sind. In: science@ORF.at. https://science.orf.at/stories/3213186/. Zugegriffen: 8. Juni 2023.

[71] Delimatsis, P. (2018). Global Standard-Setting 2.0: How the WTO Spotlights ISO and Impacts the Transnational Standard-Setting Process, 28 Duke Journal of Comparative & International Law 273-326 (2018), S. 275. https://scholarship.law.duke.edu/cgi/viewcontent.cgi?article=1520&context=djcil. Zugegriffen: 8. Juni 2023.

[72] Spiekermann, S. (23.05.2023). „Wir vertrauen der KI zu sehr". https://www.trend.at/branchen/forschung-innovation/sarah-spiekermann-interview. Zugegriffen: 8. Juni 2023.

[73] think digital (2023). Artificial Intelligence Act. https://eu-digitalstrategie.de/ai-act/. Zugegriffen: 8. Juni 2023.

[74] (European Commission) Directorate-General for Internal Market, Industry, Entrepreneurship and SMEs (2022). Handbook on the implementation of the Services Directive. https://op.europa.eu/en/publication-detail/-/publication/60e2d020-6c6f-11ed-9887-01aa75ed71a1. Zugegriffen: 8. Juni 2023.

[75] (European Commission) Internal Market, Industry, Entrepreneurship and SMEs (2023). Service standards. https://single-market-economy.ec.europa.eu/single-market/services/service-standards_en. Zugegriffen: 8. Juni 2023.

[76] de Vries, H., Blind, K., Mangelsdorf, A., Verheul, H. & van der Zwan, J. (2009). SME access to European standardization. Enabling small and medium-sized enterprises to achieve greater benefit from standards and from involvement in standardization. S. 53 ff. https://www.erim.eur.nl/

fileadmin/default/content/erim/content_area/news/2009/smeaccess-report%202009.pdf. Zugegriffen: 8. Juni 2023.

[77] Frauenhofer-Gesellschaft (08.12.2020). Die Vorteile von Standards und Normen nutzen. https://www.it-production.com/news/maerkte-und-trends/fraunhofer-studie-2/. Zugegriffen: 8. Juni 2023.

[78] Herget, J., Bodenstein, R. & Ennsfellner, I. (2013). Unternehmensberatung und IT in Österreich. Stand. Erfolgsfaktoren, Zukunftstrends, S. 104 ff.

[79] de Vries, H., Blind, K., Mangelsdorf, A., Verheul, H. & van der Zwan, J. (2009). SME access to European standardization. Enabling small and medium-sized enterprises to achieve greater benefit from standards and from involvement in standardization. S. 24 ff. https://www.erim.eur.nl/fileadmin/default/content/erim/content_area/news/2009/smeaccess-report%202009.pdf. Zugegriffen: 8. Juni 2023.

[80] de Vries, H., Blind, K., Mangelsdorf, A., Verheul, H. & van der Zwan, J. (2009). SME access to European standardization. Enabling small and medium-sized enterprises to achieve greater benefit from standards and from involvement in standardization. S. 34 https://www.erim.eur.nl/fileadmin/default/content/erim/content_area/news/2009/smeaccess-report%202009.pdf. Zugegriffen: 8. Juni 2023.

[81] Spiegel, M. (2021). Analyse der Anforderungen und Chancen einer ISO-Akkreditierung (ISO 20700) zur Steigerung der Qualität innerhalb der SAP – Beratung. Masterarbeit, iu (Internationale Hochschule). Erfurt.